上 海 家 长 学 校
家 政 教 育 系 列 丛 书

主编 熊筱燕 副主编 徐宏卓

家政服务员
职业道德

李成碑 编著

上海人民出版社 上海远东出版社

图书在版编目（CIP）数据

家政服务员职业道德/李成碑编著. —上海：上海远东出版社，2021
（家政教育系列丛书/熊筱燕主编）
ISBN 978-7-5476-1741-0

Ⅰ. ①家… Ⅱ. ①李… Ⅲ. ①家政服务—职业道德
Ⅳ. ①TS976.7

中国版本图书馆 CIP 数据核字（2021）第 172040 号

责任编辑 王　皑　章佳维
封面设计 李　廉

本书由上海开放大学
“上海养老服务从业人员培训-家政、养老教育系列丛书出版”项目
资助出版

家政教育系列丛书
家政服务员职业道德
李成碑 编著

出　版 上海遠東出版社
（200235 中国上海市钦州南路 81 号）
发　行 上海人民出版社发行中心
印　刷 上海信老印刷厂
开　本 710×1000 1/16
印　张 8.25
字　数 110,000
版　次 2021 年 9 月第 1 版
印　次 2021 年 9 月第 1 次印刷
ISBN 978-7-5476-1741-0/TS·91
定　价 52.00 元

家政教育系列丛书

编委会名单

主　　　任	王伯军
副 主 任	张丽丽　王松华　芦　琦
编委会成员	王　芳　赵双城　徐文清　徐宏卓　杨　敏
	孙传远　尹晓婷　邓彦龙　陈翠华　赵文秀
	李成碑　钱　滨　姚爱芳　王　欢　应一也
	叶柯挺　张　令
丛 书 主 编	熊筱燕
丛书副主编	徐宏卓
本 册 作 者	李成碑

总　序

　　家政，已经和都市人的生活紧密相连。缺少了家政服务，很多人不能一回到家就吃上热乎的饭菜，不能享受干净的居家环境，不能放下老人孩子安心地去工作……我们的生活离不开家政。

　　如果再进一步问大家什么是家政，也许大部分人会认为家政就是烧饭洗衣打扫卫生之类的家务劳动，只不过自己做叫"家务"，花钱请别人做叫"家政"。

　　此外，多数人还认为家政是一种帮助大家解决后顾之忧的简单职业，不需要太多的专业技能，只要会做家务就行。但是，如果继续追问大家对于家政服务的感受，恐怕又会有很多人叹息：家政服务员的素养和能力尚不能达到期待值，家政服务员不够"专业"。于是，我们发现在普通市民的认识中出现了一个悖论：家政不是一个"专业"VS家政服务员不够专业。谁错了？与其追究谁对谁错，不如思考如何更好地发展家政行业，以满足人民群众对美好生活的追求。

　　习近平总书记先后三次对于家政行业的发展做出重要指示。2013年习近平总书记在视察山东时明确指出："家政服务是社会需要，许多家庭上有老、下有小，需要服务和照顾，与人方便，与己方便。家政服务要讲诚信、职业化。"2018年全国"两会"期间，习近平总书记参加山东代表团审议时说："在我国目前发展阶段，家政业是朝阳产业，既满足了农村进城务工人员的就业需求，也满足了城市家庭育儿养老的现实需求，要把这个互利共赢的工作做实做好，办成爱心工程。"

2018 年习近平总书记在广东考察时强调："要切实保障和改善民生，把就业、教育、医疗、社保、住房、家政服务等问题一个一个解决好，一件一件办好。"

总书记的讲话正是对家政行业和家政教育的精准把脉。要把家政工作做好，关键是促进家政行业的职业化和专业化。当下社会对于家政行业的不满，主要原因就在于家政行业缺乏职业化和专业化。要解决这一问题，职业化要靠市场、靠政策；专业化要靠教育、靠培训。

家政行业长久以来处于一种自由市场状态中，政府政策较少涉及，资本运作也鲜有问津，家政行业就在这样一种几乎是放任自流的情况下缓慢发展。近几年，政府对于家政行业加大了关注，并相继出台和实施了一系列的家政法规，这对行业的发展发挥了积极作用。2019 年 6 月 26 日，国务院办公厅印发了《关于促进家政服务业提质扩容的意见》，具体提出了 36 项措施，要求各地要把推动家政服务业提质扩容列入重要工作议程，构建全社会协同推进的机制，确保各项政策措施落实到位。2019 年 12 月 19 日，上海市人大常委会通过了《上海市家政服务条例》，条例内容包括鼓励发展员工制家政服务机构，培养家政服务专业人才，符合条件的家政员可落户，可纳入公租房保障范围等，一项项具体措施正在逐渐发挥作用。

谈起家政教育和家政培训，那就必然要谈到上海开放大学。上海开放大学是全国开大/电大系统第一个举办家政学历教育的高校，也是上海第一所举办家政服务与管理专科教育的高校，目前还是上海乃至华东地区唯一一所举办家政学本科教育的高校。自 2012 年举办首届家政服务与管理大专班以来，上海开放大学累计招收该专业本、专科生 2811 人，已有 1400 多名学生获得该专业大专毕业证书。

在 9 年的家政专业办学过程中，上海开放大学一直坚持融通发展的理念。所谓"融"，就是专业的建设融入城市建设和社会发展中，全方位参与到社会生活中；所谓"通"，就是社会成果为家政所用，家政发展为社会所认；社会资源由家政专业共享，家政资源让社会共用。

近年来，上海开放大学家政专业建成了全市最先进的家政实训室，参与上海东方电视台"贴心保姆"节目录制，建设家政行业终身教育资历框架，并开展了学生创新课题研究等工作，为提高家政行业总体发展水平作出了重大贡献。

1 400多名上海开放大学家政专业毕业生正在为上海的家政行业发挥着积极作用，但和上海50多万从业人员的大基数相比，只是沧海一粟。家政从业人员的素质提升，更需要开展大规模的非学历培训。而长期以来，家政行业的非学历培训都存在一个普遍的问题——重技能、轻理论。家政培训变成简单的技能训练，导致学习者只适应教学场景下的技能应用，而在实际工作场所中的知识技能迁移能力明显不足。

实现知识技能迁移的前提是了解其背后的专业原理，也就是所谓的理论知识。理论知识和实践应用的关系有多密切，可通过一个金陵女子大学家政学专业的故事来说明。1938年，因为抗战，金陵女大西迁至成都，学校附近农村的孩子普遍营养不良，面黄肌瘦。原因其实很简单，连年战争使得孩子们吃饱都成问题，更不要说是吃肉摄入蛋白质。金陵女大家政学专业的学生遂开展社会服务，为附近农村的孩子磨制豆浆及其他豆制食品。当时营养学尚未成熟，家政学就已经在研究蛋白质对于人体的重要作用，并且发现在食用肉类获得动物蛋白极其困难的情况下，食用豆制品获得植物蛋白也能在很大程度上弥补蛋白质摄入的不足，促进人体健康。我们很难获得历史资料来评估金陵女大家政学专业学生这次社会服务的实际作用，但这种理论指导下的服务，值得推崇。

2021年，在上海开放大学王伯军副校长的支持下，上海开放大学非学历教育部组织编撰"家政教育系列丛书"，非常荣幸能够担任这套丛书的主编，为家政行业、家政培训贡献自己的绵薄之力。作为主编，我将这套丛书定位于家政服务非学历培训用书和家政学历教育参考用书。丛书一共八本，大致可以分为三个层面。第一层面是理念层面，由上海开放大学学历教育部副部长、原家政专业负责人徐宏卓撰写了《家政与家庭生活》一书，是从家庭、家政服务员、家政公司、家政起源、未来发展等多个角度，宏观地审视家政行业与家庭生活的关系。第二层面是实操层面，包括赵文秀编撰的《家庭营养膳食与保健》、陈翠华编撰的《家庭健康管理》、芦琦编撰的《家政服务法律法规》、孙传远编撰的《家庭教育前沿》和杨敏编撰的《家庭美学》，这五本书从不同的角度深入研究家政和家庭，重点探讨如何通过科学的方法和积极态度，使得家政服务更加优质、家庭生活更加温馨。第三层面是保障层面，包括邓彦龙编撰的《社区与家庭安全管理》和李成碑编撰的《家政服务员职业道德》两本书，分别阐述了如何从物理安全和道德安全两个角度保障家政服务和家庭生活的安全。

我并不认为这八本书就已经囊括了家政学或者家政服务的所有方面，甚至可以说这套书只谈到了家政服务众多领域中的一小部分，并且这些领域选择还在一定程度上受到了作者专业的限制，在完整性上可能还存在一定瑕疵。但我觉得这都无关紧要，最重要在于"做"。面对这么大的市场、这么强烈的需求、这么蓬勃发展的行业，目前的家政非学历培训教材可以说是非常欠缺，特别是理念性的、知识性的培训教材几乎还是空白。在这样的背景下，勇敢地迈出第一步，努力地为这个行业创造一些价值、积累一些成果，就是对这个行业最大的贡献。在这个"做"的过程中，即便还存在一丝的不完善，但这种"不完善"依然是充满魅力的。

最后，在此丛书付印出版之时，本人作为主编依然感到内心惶恐。家政专业虽然历经百年，但在中国大陆依然属于一个新兴专业。与专业研究人员、专业研究成果之缺乏相对应的，却是专业飞速发展的时代需求。也许，丛书出版之日，就是知识落后之时。希望读者们能带着批判的眼光阅读，对于丛书中的落后与不足能够不吝赐教，以便未来再版时一并修正。

　　希望丛书能为中国家政行业的职业化、正规化尽绵薄之力。

丛书主编

南京师范大学金陵女子学院　熊筱燕

2021 年 7 月 1 日

目　录

第三章　家政服务员职业道德的培养

第一章　职业道德概述

第一节　职业道德的基本知识

职业道德在引导家政服务、约束家政服务员行为方面起着非常重要的规范作用，它也对家政服务员高效、积极地开展服务，以及家政行业的健康有序发展，起着十分重要的作用。

一、职业道德的含义与发展

恩格斯曾指出："每一个阶级，甚至每一个行业，都有各自的道德。"这里所说的每一个行业的道德就是指职业道德。职业道德就是指从事一定职业的人在职业活动中应当遵循的具有职业特征的道德要求和行为准则。在现代社会中，职业道德经常以"准则""守则""条例"等形式表现，主要用于说明在职业活动中哪些行为是被允许的（即符合职业道德），哪些行为是不被允许的（即不符合职业道德）。

一般人谈起人生成功的要素时，总会提到智商、情商、财商等。毋庸讳言，这些的确是人们赖以成功的重要因素，但职业道德却是任何人的成功能以一种正当的方式获得，并得以长久保持的基础。简言之，无论是何种"成功"，如果它是在违背职业道德的情况下获得的，那它就不是真正的成功。

职业道德是在职业活动过程中产生的，一般可分为广义的职业道德和狭义的职业道德两大类。广义的职业道德是指从业人员在职业活动中应该遵循的一般行为准则，涵盖了从业人员与服务对象、职业与职工、职业与职业之间的关系。狭义的职业道德则是指在特定职业活动中，遵循职业规律，体现特定职业特征，用于调整特定职业关系的职业行为准则和规范。

职业道德既是从业人员在进行职业活动时应遵循的行为规范，又是从业人员对社会所应承担的道德责任和义务。不同职业的人员在特定的职业活动中形成了特定的职业关系、职业利益、职业活动范围和方式，并由此形成了不同职业人员的道德规范。

职业道德是随着劳动分工的出现而逐步形成的，它又随着分工的发展而不断丰富与完善。社会职业分工不是从来就有的，也不是永恒不变的。因此，随着社会职业分工的出现而产生的职业道德也不是从来就有和永恒不变的，它会随着人类社会的发展而呈现出不同的特征。简言之，职业道德是在各个时代中伴随着特有的职业生活内容而不断丰富和发展的。

职业道德是社会道德在职业活动中的体现，是人们的道德观念在职业活动中的反映。社会上有各种不同职业，不同职业侧重点也各不相同，但遵循的一般道德原理是一致的——都要求人们在工作中必须让自己的行为符合所在职业的要求，它是对人们的职业心理、职业行为的非强制性要求和约束。职业道德的内涵包括但不限于以下内容：

1. 社会普遍认可的职业规范；
2. 自然形成的优良职业习惯；
3. 职业中应该坚持的信念、观念、修养等；
4. 工作中应该达到的一些基本要求；
5. 职业道德没有强制力，通过从业人员的自律实施；
6. 职业道德代表的是职业的独特价值观。

职业道德本身涵盖了职业态度、职业荣誉、职业作风、职业责任、职业义务等内容，这些也是职业素养的重要组成部分。高尚的职业道德是人性最高形式的体现，它能最大限度地体现出人的价值。高尚的职业道德能激发人的动力，让人充满力量，推动国家和民族走向繁荣富强。

二、职业道德的特征

职业道德是道德在职业实践活动中的具体体现，一定社会、一定阶级的道德不仅会通过家庭生活表现出来，还会通过各种职业活动表现出来，进而扩展到整个社会公共生产、生活等领域。因此职业道德具有实践性、多样性、有限性和继承性等特征。

（一）实践性

由于职业活动是一种具体的实践，因此根据职业实践经验概括出来的职业道德规范具有较强的针对性和操作性，容易形成条文。职业道德规范一般可形成行业公约、工作守则、行为须知、操作规程等具体的规章制度，以用于教育和约束本行业的从业人员，以及让行业内外的人员（包括服务对象）开展检查监督。

（二）多样性

社会上的职业多种多样，这些职业有着各自独特的活动方式和特点，在社会生活中起着不同的作用。不同的职业道德必须鲜明地表现出本职业的职业义务和职业责任，以及职业行为上的道德准则，这就形成了不同职业特有的道德传统与道德习惯，以及从事不同职业的工作人员特有的道德心理和道德品质。例如，教师有教师的职业道德，医生有医生的职业道德，这些职业道德之间存在着共性，但是每种职业道德又都有其特性，而这些特性综合作用，就形成了职业道德的多样性。

（三）有限性

有限性是指在某一特定的行业和具体岗位上，有与该行业、该岗位相适应的具体的职业道德规范。这些特定的职业道德规范只在特定的职业范围内起作用，只对从事该行业和该岗位的从业人员具有指导和规范作用，而不对其他行业和岗位的从业人员起作用。例如教师的职业道德就对医生起不了作用。

（四）继承性

职业道德是社会意识形态的一种特殊的表现形式，它由社会经济关系所决定，并随着社会经济关系的变化而变化。由于职业道德是与职业活动紧密结合的，所以在不同的社会经济发展阶段，某一职业的服务对象、服务手段、职业利益、职业责任等可能发生变化，但其职业道德一般会相对稳定，并具有继承性等特点。例如教师的职业道德"诲人不倦"、医生的职业道德"救死扶伤"、商人的职业道德"买卖公平"等随着时代的发展会不断地丰富具体内容，但这些职业道德的大原则却不会发生太大的变化，并在这些行业中世代相传。

三、职业道德的作用

职业道德是社会道德体系的重要组成部分，它一方面具有调节社会道德的一般作用，另一方面又具有自己特殊的作用。职业道德能够制约人们的职业活动，调节职业生活中人与人之间的关系，更能推动全社会的道德建设和精神文明建设。

总的来说，职业道德的作用体现在以下几个方面：

（一）规范作用

职业道德的作用首先在于规范人们的职业品质和行为表现。社会上各种职业团体和组织中的每一位从业人员，都要按照职业道德规范所要求的基本准则，从情感、意志、行为等几个方面去要求自己、约束自己。只有这样，才能引导从业人员识大体、顾大局，尽心尽责、全心全意为人民服务；也只有这样，才能指导人们正确处理职业生活中国家、集体和个人之间的关系。

（二）调节作用

职业道德的调节作用是指通过职业道德来调节职业交往中从业人员间的内部关系，以及从业人员与服务对象间的外部关系。其中，调节从业人员的内部关系就是运用职业道德来规范、约束从业人员的内部行为，促进从业人员内部之间的团结与合作。而调节从业人员和服务对象之间的外部关系，则是运用职业道德来规范从业人员和服务对象之间的服务态度和行为，以此来形成和谐的氛围。

（三）促进本行业、本企业的发展

行业、企业的发展有赖于经济效益的提高，而经济效益的提高在很大程度上依赖于员工素质的提高。员工素质主要包含知识、能力、责任心三个方面，其中责任心是最重要的。职业道德水平高的从业人员责任心是极强的。因此，从发展角度来说，员工职业道德水平的提高能促进本行业、本企业的发展。有责任心的人在求职时最受欢迎，很显然用人单位非常看重求职者的职业道德素质，只要具备优良的职业道德，再经过培养，求职者都能成为人才。

（四）有助于维护和提高本行业的信誉

一个行业、一个企业的信誉，直接关系到它们及其产品与服务在社会公众中的受信任程度。企业的信誉主要来自其产品质量和服务质量，而较高的从业人员职业道德水平是产品质量和服务质量的有效保证。若从业人员职业道德水平不高，就很难生产出优质的产品和提供优质的服务。

（五）对社会道德和精神文明建设的推动

职业道德是社会道德的重要组成部分。职业道德一方面涉及每个从业者在职业工作上的个人表现，另一方面也涉及职业群体的社会集体表现。职业群体具备优良的道德，会对整个社会道德水平的提高发挥重要作用。因此，在职业生活中树立良好的职业道德，有助于塑造良好的社会氛围，进而推动社会道德与精神文明建设的发展。

四、职业道德对个人发展的重要意义

人会在职业工作中得到成长和发展。一个人如果具备了良好的职业道德，他便会在职业工作中成长得更快，发展得更顺畅，进而更好地实现自己的人生价值。一个人如果没有具备良好的职业道德，他便会在职业生涯中处处碰壁，无法实现自己的人生价值，甚至会走上违法犯罪的道路。

进入老龄化社会的我国，城市生活节奏加快，老龄化加速，二胎政策全面实施，三胎政策落地，而这些都促进了家政行业的快速发展。但是在家政行业快速发展的同时，也出现了许多问题，其中甚至包括一些恶性事件。

案例：

杭州某小区保姆纵火案

在杭州从事保姆工作的莫某因为长期沉迷赌博，身负高额债务，为继续筹集赌资，决意采取在雇主家中放火再灭火的方式，骗取雇主的同情，以便再向雇主借钱。

2017 年 6 月 22 日凌晨，莫某在雇主家中客厅用打火机点燃书本，引燃客厅沙发、窗帘等易燃物品。火势迅速蔓延，造成屋内女雇主及其三名未成年子女被困火场，吸入一氧化碳死亡，并造成该房屋室内精装修及家具和邻近房屋部分设施损毁。经鉴定，损失共计 257 万余元。火灾发生后，莫某逃至室外报警并向他人求助，后在公寓楼下被公安机关带走调查。

2018 年 2 月 9 日，浙江省杭州市中级人民法院一审以放火罪判处被告人莫某死刑，剥夺政治权利终身；以盗窃罪判处其有期徒刑五年，并处罚金 1 万元，二罪并罚，决定执行死刑，剥夺政治权利终身，并处罚金 1 万元。2018 年 6 月 4 日，浙江省高级人民法院二审裁定驳回莫某上诉，维持原判。最高人民法院经审理，依法裁定核准莫焕晶死刑。2018 年 9 月 21 日，莫某被执行死刑。

此案件引发了广泛的社会关注和讨论。莫某虽然被执行死刑，但此事依旧引发了社会恐慌，很多家庭一提到保姆就色变，纷纷开始检查自己的财物，乃至将雇用了多年的保姆辞退。在整个家政行业，人与人之间的信任受到了很大冲击，这就是由于莫某作为一名家政服务员却缺乏职业道德，最终酿成大祸，毁了自己，也给其他家政服务员的正常工作带来了极大的负面影响。

简言之，职业道德对于个人发展具有重要意义，这主要体现在以下几个方面：

（一）职业道德是个人在职场安身立命的重要基础

个人能否立足于职场并获得长久的生存与发展，常常不取决于他具有怎样的客观技能，而取决于他是否具备从事某一项职业所需的职业道德。一个人职业道德的高低，直接影响到这个人能否胜任本职工作。而一个人能否做好本职工作，取决于他是否热爱所从事的工作，能否在工作中充满热情，是否具备克服一切困难做好本职工作的坚定意志，是否秉持全心全意服务他人和社会的信念，是否具备良好的职业道德及行为表现。所以，具备良好的职业道德是一个人做好本职工作的保证，也是他立足职场的基础。

人们从事职业活动，既是对社会承担职责和义务，也是实现自我生存和发展。职业道德可促进个人思想的提高与完善，遵守职业道德的人可以获得相对稳定的工作，进而取得个人生存发展所需的物质条件和可能的机会。

（二）职业道德是个人事业成功的保证

一个人事业的成功，很大程度上取决于他所遵守的职业道德里所包含的敬业、诚信、勤俭、公正、协作、创新和奉献等内容。这些内容对促进从业人员做好本职工作、实现职业理想具有重要的推动作用。良好的职业道德有利于增强个人的职场竞争能力，促进经济和社会效益的提高，同时也能够为人们的职业活动提供精神动力，促进其事业成功。因此职业道德是实现职业理想的推动力，有利于个人实现职业理想。

（三）职业道德有利于实现人的全面发展

职业道德可以使人们在职业生涯中逐渐形成道德人格和道德理想。从业者认识到自已所从事职业的社会价值，可以增强从业者对所从事职业的认同感、自豪感，时刻自觉维护本单位的声誉和形象，还可以促使其对本职工作充满热情，进而主动提高自身的综合素质。同时职业道德还具有激励作用，它能够促使人们以一种创新精神去充分发挥自己的聪明才智，去发现新事物和探索新规律，乃至创造出奇迹。因此要实现自我全面发展，加强职业道德建设是不可或缺的。

第二节 社会主义职业道德规范体系

一、社会主义职业道德核心思想

社会主义职业道德建设的核心思想是为人民服务，这也是它的灵魂。它决定并体现着社会主义职业道德建设的根本性质和发展方向，是社会主义职业道德区别和优越于其他社会形态职业道德的主要标志。它规定并制约着社会主义职业道德领域中所有的道德现象，是统帅一切道德原则、道德规范和道德要求的指导思想。

二、社会主义职业道德基本原则

集体主义是社会主义职业道德的基本原则。

马克思主义伦理观认为，道德是调整各种利益关系的准则，用集体主义原则去调整个人与社会的关系，才能把握社会主义道德的方向，使之不偏离社会主义的轨道。在社会主义国家里，集体利益是个人利益的基础和保证，离开了无产阶级和劳动人民的集体利益和集体力量，就没有无产阶级的个人利益和个人解放。国家和集体同时又为个人才能的发挥提供条件，为个人利益提供保证。

集体主义原则是一切社会主义道德规范的统帅，它是社会主义道德的基本原则，并且贯穿于社会主义道德发展的始终。其主要体现在以下两个方面：

（一）集体主义集中反映了广大劳动人民的根本利益

在社会主义市场经济体制下，我国实行以公有制为主体、多种所有制并存的混合所有制经济。在这种情况下，首先要维护最广大人民群众的根本利益，巩固国家的经济基础，因此，必须坚持集体主义的职业道德原则。

（二）集体主义是正确处理个人利益、集体利益、国家利益的基本原则

社会主义制度下，国家利益、集体利益和个人利益在根本上是一致的，但是在社会主义市场经济的发展阶段，以国有经济为主，民营经济、个体经济、三资企业等多种经济成分并存。在人们从事职业活动的过程中，国家利益、集体利益和个人利益之间经常会发生矛盾和冲突，要正确处理好三者之间的矛盾，就必须要以集体主义这把尺子来衡量，要牢记集体利益服从国家利益，个人利益服从集体利益和国家利益的原则。

三、家政服务员职业道德体系

（一）家政服务员职业道德规范

职业道德规范是得到广泛认可的具体的职业道德标准，是具体职业中的行为准则和规定。制定职业道德规范有助于帮助相关从业人员更有针对性地提高自己的职业道德修养。

根据国家和社会对职业道德的要求，结合家政服务行业的特点，家政服务员职业道德规范主要包括以下要素：

1. 敬业。要热爱、尊重家政服务工作，以家政服务为荣，乐于奉献，勇于承担。

2. 守纪。要遵守法律、行业规则、企业规章制度，尊重服务对象的习惯和规定。

3. 诚信。要实实在在做人，尽心尽力做事，忠于服务对象，不探听、不泄露服务对象隐私，信守服务承诺。

4. 责任。对服务要承担相应的责任，有责任心，做好该做的服务。

5. 服务。有服务精神和服务意识，不厌其烦，精益求精，关注服务对象的需求。

（二）家政服务员的职业道德修养

"修养"一词现指"理论、知识、艺术、思想等方面的一定水平"。家政服务员职业道德修养就是指家政服务员在道德意识和道德行为方面进行自我学习、自我锻炼和自我改造的过程中所形成的职业道德品质以及达到的职业道德境界。

任何一个人的职业道德修养的提高，一方面是靠他律，另一方面也取决于自律，这两个方面缺一不可。他律包括社会舆论、家庭成员、工作同仁对家政服务员在职业工作中的行为所开展的评价及相应奖惩等，这可促使家政服务员按照职业道德规范来约束自己。他律时期是形成职业道德修养的必经阶段，处在他律时期的职业道德修养是低级的、不完善的，要达到高层次、高境界的职业道德修养，主要还是要依靠自律。自律是家政服务员经过长期努力所形成的职业道德品质、职业道德情操和职业道德境界，一般要比通过他律形成的同类品质、情操、境界更高，它要求家政服务员在道德情感、道德品质和道德意识等方面进行长期和有意识的自我学习、自我改造、自我修养、自我锻炼。自律的关键在于"自我锻炼"和"自我修正"，一是自身要有强烈的自我修养愿望，并树立自身修养所要达到的目标；二是要在使命感和责任感的支配下，凭借意志力进行自我锻炼、省悟和修正。

在提高职业道德修养的过程中，家政服务员的自觉性具有非常重要的意义。职业道德修养的提高不仅靠他律，更要靠自律。职业道德自律的标志是职业道德约束从他律向自律的升华，核心是职业行为导向从职业道德义务向职业道德良心的转化。职业道德良心是家政服务员履行职业义务时的自我责任感和对职业领域内是非善恶的正确认识，是职业意识中各种道德心理因素的有机结合。

家政服务员职业道德修养离不开具体的家庭服务实践，没有参与过家庭服务实践的个人，无论具有多么美好的愿望和多么优秀的服务能力，其对职业道德规范和内容的理解都只是理论上的，都尚未真正把职业道德规范运用于实际工作。可以说，离开了家政服务的实际工作就没有真正的家政服务职业道德可言，更没有真正的家政服务职业道德修养可言。因此，对于家政服务员来说，具体的服务与实践是养成职业道德修养的关键。

职业道德修养的基础是家政服务员立身处事的思想品德修养。家政服务员对待生活的态度是否有责任感、使命感、正义感、奉献精神、仁爱之心，直接影响其对家庭服务的态度，乃至决定其职业成就的高低。职业道德修养的培养就是帮助家政服务员树立服务意识、敬业意识、乐业意识。家庭服务员通过实践将这些意识内化为稳固的职业道德情操和职业道德信念，并使之转化为职业道德行为和职业道德习惯，以达到职业道德修养的高境界。

在社会生活中，家政服务员职业道德修养水平的高低直接决定着家政服务员的工作质量和成效，并对其个人发展、家政行业发展以及社会进步都有着举足轻重的作用，是一般社会道德所不能代替的。家政服务员能否胜任一份工作，既同一定的外部条件相关，也同其自身的知识、能力、经历、水平相关，还与其职业道德修养等密切相关。家政服务员只有注重职业道德修养，才能充分认识工作的本质，才会产生强烈的事业心、责任感和崇高的使命感，才能在工作的过程中严于律己、恪尽职守，出色地完成服务工作。

　　每一个行业都有本行业特定的服务对象和服务内容，任何行业都要在尊重和满足服务对象的利益和要求的基础上得到发展。在社会主义市场经济中，任何一个行业和部门的职业道德状况，都直接影响本行业、本部门的社会信誉和经济效应，家政行业也是如此。家政行业职业道德是通过每一位家政服务员的职业道德修养表现出来的。从这个意义上而言，加强家政服务员职业道德修养，是形成家政服务员群体良好形象的要求，是家政行业服务质量的体现，也是维护家政行业在社会中的道德信誉、诚信程度，促进家政行业兴旺发达必不可少的条件。

　　我国正处在社会转型阶段，社会转型期的一大特征就是人们往往会在思想上产生混乱。加强职业道德修养，有助于家政服务员塑造正确的三观，有助于家政服务员在公平合理的基础上向人们提供高质量的服务，从而形成平等友善的人际关系和良好的社会风尚。

第二章 家政服务员职业道德规范

第一节 把握底线——法纪

从近几年的新闻报道中可以看出，家政服务员出现大问题往往都是从破坏小规矩开始的，因此要阻断这种由"违纪"到"违法"的演变过程，就必须在其违法之前，设置严密的纪律屏障。

心中无敬畏，行为就会缺少约束。家政服务员应牢固树立法纪意识，防患于未然。要把他律和自律两者有机结合起来，使外在的律条变成内心的自觉约束。家政服务单位要坚持抓早抓小、违纪必究、执纪必严，让每一位家政服务员真正做到心有所畏、言有所戒、行有所止。

案例：

私自组织外籍家政人员入华从业受惩罚

2019年8月，江苏省苏州市吴中区法院公开审理了一起组织他人偷越国（边）境案件。经有关方面查明，从2017年至2018年，王某、张某等6名被告人策划、组织十数名东南亚妇女持旅游签证或商务签证，非法进入中国境内为境内居民提供家政服务，共获取违法所得人民币120余万元。他们最终受到了法律的惩罚。

该案涉案人发现当前市场上，高端保姆或是懂外语的家政人员需求量大，收益也高，就钻了这个空子，把一些非法滞留在中国的外籍保姆介绍给有需要的家庭，并收取高额的中介费。他们的这一行为已触犯了《中华人民共和国刑法》。根据刑法有关规定，不论是组织还是个人，非法将外籍人员引入境内，均犯妨害国（边）境管理罪，组织他人偷越国（边）境的，一般处二年以上七年以下有期徒刑，并处罚金；若有多次组织他人偷越国（边）境或者组织他人偷越国（边）境人数众多的，以及违法所得金额巨大的等情况，犯案者当处七年以上有期徒刑或者无期徒刑，并处罚金或没收财产。此外，中介组织和个人还可能为非法越境者提供伪造、变造的护照、签证等出入境证件，或者出售护照、签证等出入境证件，这种情况根据刑法一般处五年以下有期徒刑，并处罚金；情节严重的，处五年以上有期徒刑，并处罚金。

案例：

私自雇用外籍女佣的行为不受法律保护

来自浙江的胡女士通过中介组织雇用了一名印尼籍女佣，支付中介组织佣金1.5万元，并预支该女佣6个月工资2.1万元，以及机票、吃用等4万元。但仅3个月后该女佣就逃跑了，中介也以多种理由不肯退钱。由于上述雇主和外籍家政人员的关系是在违反我国相关法律规定的前提下所形成的非法关系，对应的利益为非法利益，法律不予保护，因此，胡女士也无法通过法律手段挽回自己的损失。

事实上，中国内地外籍家政服务市场尚未开放。根据2017年3月13日修订的《外国人在中国就业管理规定》，用人单位聘用外国人从事的岗位应是有特殊需要，国内暂缺适当人选，且不违反国家有关规定的岗位。

外籍家政人员的雇主一般是个人，家政服务很难归类为特殊需要，因此并不符合此规定。而且该规定明确指出：禁止个体经济组织和公民个人聘用外国人。也就是说，外国人是禁止在中国内地从事家政服务业的，目前中国内地的个人雇主外籍家政服务员工作推介业务均属非法，这些外籍家政服务员不具备在中国内地合法从事家政服务工作的签证和就业资质。在这种情况下，一旦出现劳动纠纷，法院无法受理，后果是无法预料的。

雇用外籍家政服务员的雇主，除了可能遇到劳动纠纷风险外，他们个人也面临着极大的法律风险。因为根据《中华人民共和国外国人入境出境管理法实施细则》规定，对私自雇用外国人的单位和个人，在终止其雇用行为的同时，可以处五千元以上五万元以下的罚款，并责令其承担遣送私自雇用的外国人的全部费用。

而对于那些非法就业的外籍家政服务员而言，根据《中华人民共和国出境入境管理法》规定：外国人非法就业的，处五千元以上二万元以下罚款；情节严重的，处五日以上十五日以下拘留，并处五千元以上二万元以下罚款。除此之外，还可以将非法就业的外国人遣送出境，被遣送出境的人员，自被遣送出境之日起一至五年内不准入境。

综上所述，私自介绍、雇用外籍家政服务员在内地从事家政服务均属违法行为，其后果是非常严重的。由此引申，对于家政服务员来说，行为合法一定是进行家政服务的首要前提，无论何种情况下，家政服务员的工作都要以守法为前提，否则，哪怕服务质量再好，也是一种突破了家政服务员职业道德底线的行为。

一、走进法律

（一）法律的特征

法律是国家制定或认可的，由国家强制力保证实施的，对全体社会成员具有普遍约束力的特殊行为规范。法律包括法令、条例、决议、指示、章程等规范性文件，它具有以下特征：

1. 法律是调整社会关系的行为规范。这也就意味着法律以人的行为为调整对象，它是一种行为的准则，而不是道德良知和思想的准则。当人的头脑中产生不良想法时，从道德角度来说是可耻的，但从法律的角度来说却是无罪的，但一旦这个人将这种不良想法付诸实施，那他就违反了法律。

2. 法律是由国家制定或认可的。法律的创制主体是国家，它是由国家制定或认可的，具有普遍的约束效力。

3. 法律以权利义务的双向规定为调整机制。法律对人们行为的调整主要是通过权利和义务的设定和运行来实现的。它明确地告诉人们应该怎样行为，不该怎样行为，以及必须怎样行为。人们根据法律规定来预先估计自己可如何行为，将承担怎样的相应行为后果，进而趋利避害，作出正确的行为选择。法律也就此实现了对人们行为的调整。

4. 法律是以国家强制力保证实施的。国家强制力是指国家的军队、警察、法庭、监狱等有组织的国家暴力，它是法律得以实施的强力后盾。

我国的法律是广大人民意志的体现，是人民民主专政的工具和重要保障，是社会主义事业得以顺利进行的必不可少的保证。

守法对于家政企业来说就是要依法办事，这是企业持续发展的经营要求；守法对于家政服务员来说就是要遵守法律法规，这样才能进行有效的社会交往。一些违法行为短期内可能会使违法者有所获得，但长久看来违法者必然会付出更大的代价。

(二) 法律与道德

道德是社会意识形态之一，是人们共同生活及其行为的准则和规范。道德通过人们的自律或一定的舆论对社会生活起约束作用。法律与道德的关系是一个经久不衰的话题，这两者之间既有内在的联系，又有明显的区别。

法律与道德的联系：

1. 两者都是人们社会行为的规范。

2. 两者的内容相互渗透。许多法律建立于道德基础之上，其制定不违背同时代的道德观念，是根据道德要求最终形成的相应的法律条文。而不同时代道德的内容又往往会从当时的法律中汲取，两者互相渗透，互相配合。

3. 两者建立在同一经济基础上，并随着经济基础的发展变化而发展变化。经济基础和经济体系的变化，以及生产力的大规模发展，都会使时代的法律和道德发生相应改变。

4. 两者目标一致。法律与道德所追求的，都是社会秩序的稳定、人际关系的和谐、生产力的发展、人民生活的幸福。

法律和道德的区别：

1. 产生的社会条件不同。道德是与人类社会的产生同步产生的，由最古老的社会规范逐步发展完善而形成。而法律不是天然就有的，它是随着私有制、阶级和国家的出现而逐步产生的。

2. 表达形式不同。法律是以书面文字形式表达的，体现在不同的法律体系中，而道德是以社会意识形式出现，体现在人们的日常行为中。

3. 制度结构的差异。法律是国家意志的统一体现，有严密的逻辑体系，道德没有像法律那样严格的结构和逻辑体系。

4. 推动力量不同。法律背靠国家暴力机器，由国家强制力保障其实施，而道德能否得以维护，则在很大程度上取决于人们内心的道德信念高低。

5. 制裁方式不同。违法犯罪的后果是会受到国家机器的制裁，而不道德行为的后果一般是要承受舆论的压力和内心的谴责。

案例：

抵挡不了诱惑的家政服务员

某日，涉外家政服务员马某上门为一外国家庭提供家政服务，在居家清洁过程中不小心打翻了服务对象放在梳妆台上的首饰盒，从首饰盒中掉出一些首饰，其中一枚戒指非常漂亮。马某经过思想斗争，最终抵挡不了诱惑，将这枚戒指放进了自己的口袋。

马某离开之后，服务对象发现首饰盒有人动过，仔细清点后发现其中的一枚戒指不见了，其立即致电该家政公司并报警。经过警方的调查，马某招认了盗窃事实，警方随即对马某实施拘捕。由于马某所盗戒指价值昂贵，马某可能被追究刑事责任。

在该案例中，马某在思想斗争时尚未违反法律，而只是在"道德的战场"上进行自我斗争，而一旦其在"道德的战场"上战败，进而实施了盗窃活动，那他的行为就违反了法律，并因案值的巨大，可能被追究刑事责任。由此可以看到法律和道德的相辅相成和关键区别：一个具有不道德思想的人不一定是罪犯，而一旦这个人的不道德思想转化成为实际行动，那他就走上了违法犯罪的道路，最终将受到国家机器的制裁。

二、走进纪律

（一）纪律的含义

纪律是政党、机关、部队、团体、企业等为了维护集体利益并保证工作的正常进行而制定的，要求每个成员都遵守的规章、条文。纪律作为行为准则具有一定的强制性，对于违反纪律的人，单位可以依据一定的规定给予某种处分。

纪律维护的是政党、机关、部队、团体、企业等的集体利益，没有纪律的约束，这些集体就是没有凝聚力的一盘散沙，无法形成强有力的战斗力。我党历来就注重严格的纪律，毛泽东同志有"加强纪律性，革命无不胜"的名言，邓小平同志也把"有纪律"作为衡量社会主义"四有新人"的指标之一。

（二）纪律与规则

在人们的日常工作和生活中，规则和纪律随处可见，例如买票要排队，过马路要遵守交通规则等。事实上，人们平时的一举一动都会受到一定的约束，否则社会秩序就无从谈起。同样，每一个家政企业也都有各自的规则和纪律，这需要每一位家政服务员去认真遵守。

一个自律的家政服务员，首先应当是一个遵规守纪的员工。这个世界上没有绝对的自由，失去了纪律的约束，自由就会泛滥，会让人变得堕落。家政服务员不要把纪律视为洪水猛兽，它并不那么恐怖。它就好比一条高压线，高高地悬在那里，只要你稍微注意一下，不去故意触碰它，就绝对不会受到高压电的伤害。遵规守纪，通常而言就是这么简单。

普通人群中，绝大多数人的智力都是差不多的，但有些人为什么总是无法获得职业成功呢？这其中有很大一部分人无法成功的原因就在于他们习惯于违背规章和投机取巧，妄图在不付出正常努力的情况下获得所谓的成功。这些人渴望达到顶峰，却又不愿走艰难的道路；渴求胜利，却又不愿为胜利做任何一点牺牲。投机取巧和无所事事都会令人退步，只有努力和勤奋踏实地工作，才能给人带来真正的幸福和快乐，并为个人的职业发展打下良好的基础。

还有些人之所以无法获得成功，是因为他们的粗心大意、莽撞轻率、惯于敷衍。例如有些人做事不求最好，只求差不多，没有把规则、纪律放在心上，也并不严格要求自己。这种懒散马虎的做事风格很容易变成习惯，家政服务员一旦染上了这种习惯，就会变得不负责、不诚实，往往会给服务对象和家政企业带来巨大损失。

没有任何家政企业能由着不守纪律的风气盛行下去，也没有任何家政公司甘心养着不守规矩和纪律的家政服务员，公司是一个以盈利为目的的效率组织，无论你的资历有多长，业绩有多辉煌，只要不遵守纪律，就会对公司的未来发展起到负面作用。

案例：

小陆勤奋上大路

王经理是某大公司老总，其爱人因尿毒症换肾后，需要家政服务员照顾。只有初中文化程度的小陆被家政公司派到王经理家工作。

一开始，王经理家里的很多高档电器小陆都不会用，但她根据服务对象的要求，认真请教，努力学习，很快掌握了家电的使用方法。除此以外，王经理还安排小陆去社区、公共图书馆参加健康讲座，学习营养搭配和特色餐点的制作方法。经过一年多的工作积累，小陆不仅得到了服务对象的认可，也学到了一身本领。

遵守服务对象的安排就是一种遵守纪律与规则的表现，只有这样，家政服务员才能在服务中学到本领，获得成长，收获果实。

（三）遵守规则与纪律的意义

常言道：没有规矩，不成方圆。同理，不遵规守纪，何来优秀。

案例：

违规操作酿大祸

2017 年 7 月，由宁波市某家政公司安排的沈阿姨在服务对象王先生家做家务的时候，因操作不当导致王先生家中煤气罐泄露引发爆炸和大火，造成沈阿姨自身 73％大面积烧伤，其中重度三级烧伤面积高达 40％。因为伤势太重，余姚的医院无法收治沈阿姨，只能将她送到宁波市医院进行抢救，手术费至少需要 50 万元以上，后续还需要做多次手术。

后经调查，沈阿姨是第一次来王先生家服务，做饭的时候点不着火，就在煤气管下方点火烤煤气罐，结果导致煤气罐爆炸。

1. 遵守规则与纪律是安全的要求

家政服务员进入服务对象家庭后，一定要遵守相关的规则、要求。在家政服务过程中往往存在很多安全隐患，工作时一定要做好相应的防护措施，保证安全。曾有家政服务员在擦窗过程当中，没有遵守安全规范做好相应安全防护措施，结果导致自己在擦窗时坠楼受伤。还有家政服务员在照顾母婴、老人等特殊对象时，由于没有遵守相关的照护要求，导致服务对象受到伤害。这些本可避免的不良后果都是由于未遵守相应规范和纪律造成的，所以家政服务员在进行家政服务的过程中，一定要深知遵守规则的重要性，遵守规则就是给自己，给服务对象，乃至给社会圈出一个安全的边界。

2. 遵守规则与纪律是提升素质的要求

商鞅立木为信，强秦变法自此始；孙武抗旨斩宫嫔，春秋一霸由此出。自古以来，我们的祖先就用一个又一个的案例，向我们说明了遵守规则和纪律的重要性。

周恩来总理也为我们做出了表率。一次周恩来总理在北戴河需要看世界地图和一些书籍，工作人员给北戴河文化馆打电话，说有位领导要看世界地图和一些书籍，接电话的小同志回答说文化馆有规定图书不外借，要看请领导来文化馆。周恩来总理便冒雨到文化馆看书，小同志看见是周恩来总理，心里很懊悔，总理却和蔼地说有一套制度很好，没有章程制度办不好事。

一个人无论学历、职位有多高，无论职业技能有多强，如果不懂得遵守规则，那么无论是在家政企业、服务对象住所，还是在公共场合中，都只能得到一句"没素质"的评价，这无疑会影响这个人的自我成长与成功。

3. 遵守规则与纪律是社会进步的要求

在人们的日常生活中，不遵守规则和纪律的事情经常发生。例如马路、过街天桥、地下通道等公共场所经常被小商小贩占据；一些人行道的盲道被胡乱停放的自行车占用；在有些地方的出入口放着禁止通行的告示，却总有人视而不见，强行进入；在竖着"勿入草坪"的牌子的公共绿地上，经常可以发现草地中央有一条被人踩踏出来的小路；飞机飞行期间禁止打开手机，可总有个别乘客会在飞机尚未着陆时就打开手机。对规则的漠视使人们陷入了一种尴尬的境地：谁遵守规则，谁就吃亏，谁不遵守规则，谁就可以获利。结果往往导致越来越多的人漠视规则，社会上遵守规则的成本变得奇高无比。

家政公司有公司的规则，家政服务对象也有服务对象自己的规则，这些规矩都需要家政服务员认真遵守。世上本不缺乏规则，缺乏的是对规则的重视和遵守，遵守规则不仅意味着人们修养的提升，更意味着社会的进步。遵守规则，从我开始，让我们都做遵守规则的好公民。

三、加强法纪意识，遵守法纪要求

法制是社会和谐的保障。在现代社会，随着法制功能渗透面的扩展，以及人们对它的迫切需要，法制具有了全新的含义。它不仅是强制人们遵守的行为准则，也是促进社会繁荣发展、维护社会和谐状态最有力的保障。

杭州某小区保姆纵火案发生后，家政服务法纪问题引起社会各界的关注，家政服务行业也对此进行了沉痛反思。例如，上海市长宁区家政服务业行业协会计划推行"黑保姆"榜单，并公布了对"黑保姆"的评判标准：有违法记录，有偷盗等前科，有社区居民、单位同事等反映其有违反纪律、人品极差、行为恶劣之情形，履历和健康证、上岗证、身份证等作假。被认定为"黑保姆"的人将被列入该区家协"黑名单"，首次入职家政公司的保姆需要提供无"黑"证明，进入名单的"黑保姆"也会被逐出该区家协所属的家政企业。

那么作为家政服务员如何避免进入"黑名单"呢？

（一）提高法律意识，做守法公民
1. 学习法律知识，提高法律意识

我国所倡导的法律意识是新型的社会主义法律意识，包括公民意识、权利义务观念、平等自由观念以及契约观念等。在社会主义国家里必须大力倡导法律至上的观念，因此每一位家政服务员都应自觉学习法律知识，做到知法、懂法、守法，树立正确的世界观、人生观，提高法律意识，增强法制观念。

2. 远离不法分子，营造健康环境

近朱者赤，近墨者黑。环境对于一个人的健康发展非常重要。家政服务员很多都是异地就业，来到异地要做到明辨是非，分清善恶，不要与社会上的不法分子接触，同时家政服务员要提高警惕，不被利诱，不被利用。

3. 注重调试，用健康的心理对待工作和生活

家政服务员在服务过程中经常会遇到被误解、被投诉等不顺心的事情，如果这些事情得不到及时解决，往往会导致家政服务员产生抑郁情绪甚至心理障碍，以及其他各种不同程度的心理问题。因此家政服务员应该学会调整自己的心态，用健康的心理正确地对待工作和生活。家政服务员要加强学习，努力提高自身文化素养和道德品质修养，多参加单位、社区组织的各项活动，在活动中提升自己；要学会感恩，多为他人着想，多与家人、朋友沟通、交流，及时排解自己的坏情绪，学会约束自己。

（二）遵守家政服务的规则与纪律

规则与纪律是规范个人与组织行为的各种约束和要求，起着规范和约束人们行为的作用。家政服务员要自觉遵守家政服务的规则与纪律，与家政服务企业一起向同一目标前进。

1. 加强家政服务规则与纪律的学习

企业的规则与纪律是企业赖以生存的体制基础，也是企业员工的行为准则。家政服务企业的规则与纪律也对家政行业的发展起着至关重要的作用。要想成为优秀的家政服务员，就必须遵守服务过程中的各项规章制度，加强对家政服务行业与企业的规则与纪律的学习，明晰规则所规定的内容和工作的相关性。此外，还应了解家政服务的原则和程序，树立服从家政服务规则与纪律的观念，增强按服务制度、服务程序、服务原则办事的思想意识。

2. 严格遵守家政服务规则与纪律

"法令行则国治国兴，法令弛则国乱国衰"。家政行业也是如此，家政服务管理必须制度化、规范化、程序化，对任何违规、违章的现象都要按照规章制度严肃处理，相关规则必须落实到家政服务员的日常工作和服务中去，并且严格执行，只有这样才能保障家政服务有序运行。同时，家政服务员也要自觉维护企业规则与纪律的尊严，做到制度面前人人平等，任何家政服务员都没有超越制度的特权。

第二节　倡导精神——诚信

一、认识诚信

（一）诚信的含义与特征

《现代汉语词典》将"诚信"解释为："诚实，守信用。"如果把良好的伦理道德比喻成社会的上层建筑——一座美轮美奂的大厦，那么撑起这座大厦的柱石就是诚信。

诚信作为中华民族的一种传统美德和道德规范，具有广泛而深刻的含义。"诚"代表的是诚实无欺、做人诚实、实事求是；"信"是指讲信用、守信义、不虚假。因此，诚信即真诚不欺、实事求是的态度，信守承诺、律己达人的品格。诚信就是要以真心诚意的态度来待人接物。社会生活的开展，没有诚信则无法继续；人类社会的演进更替，成由诚信，败由失信。

诚实守信是为人处事的基本原则，它渗透在人们生活的各个方面，小到为人诚实，不说谎话，大到对事业、对祖国的忠诚，这些都是诚信的表现。对于一个国家、一个社会而言，诚信是立国之本和繁荣之源，对于提升社会道德水平，促进经济发展，维持社会稳定具有重大的意义。加强社会诚信建设，是构建社会主义和谐社会的坚实基础和必要保障。政府的诚信关系到社会的民主、法制、公平、正义和政治稳定，影响着政府的公信力，决定着社会的建设和发展。而社会的诚信则直接关系到国家和民族的繁荣昌盛。

先秦时期,周幽王为博得妃子褒姒一笑,故意点燃报警烽火,引诸侯出兵来援。本为示警求援的烽火,成为周幽王取乐的玩具。周幽王烽火戏诸侯,失信于天下,结果在犬戎真的攻打镐京时,没几个诸侯来救援。镐京被攻陷,周幽王被杀。

商鞅变法前,先将一根三丈长的木杆立在城南门,并贴出告示:有能搬到城北门者,给五十金。之后说到做到,从而取信于民,树立了权威,为变法开辟了道路。

诚信是国之大宝。儒家把诚信摆在至高无上的地位上,认为为政者可以失去军队,可以失去粮食,但万万不能失去诚信。取信于民,就能赢得百姓拥护;失信于民,就会导致百姓反对。

对于家政企业而言,诚信也是企业的立业之本。作为一项普遍适用的道德规范和行为准则,诚信有助于建立行业之间、企业之间的互信互利的良性互动关系。一个不讲诚信、不讲信用的家政服务企业,在现代法治社会中不会有长久的立足之地,最终会被淘汰,家政企业只有依靠诚信才能顺利发展。

2001年9月,中央电视台播报了某食品厂将卖不出去的月饼拉回,刮皮去馅,搅拌炒制入冷库,来年再用此生产新月饼的新闻。新闻播出后,该企业失去了消费者的信任,其产品无人问津,不到一年,这个有着金字招牌的老企业就向人民法院申请破产。正所谓丢了信誉,毁了企业。

2015年9月,美国环境保护署指控德国某公司所售部分柴油车安装了专门应对尾气排放检测的软件,该软件可识别车辆是否处于被检测状态,在被检测时可以启动,以使车辆躲过检测。此新闻的曝光使该公司在2015年度蒙受13.6亿欧元净亏损。据报道,该品牌日前宣布将拨出162亿欧元作为排放丑闻的和解支出。一个不诚信的行为,使企业付出了惨痛代价。

对于家政服务员而言,诚信是立身之本,处世之道。人的一生必须不断地去学习，以获得知识和技能，这些知识和技能既是个人谋生的依靠，也是个人服务社会和建设国家的本领。家政服务员要做一个真正对社会有贡献的人，不仅需要相关的家政服务知识与服务技能，更需要有诚信的品质和高尚的道德。家政服务员以诚立身，就会做到公正无私、不偏不倚、讲究信用，就能守法守约、取信于人，就能妥善处理人与人、人与社会之间的关系。

所以诚信是立身之本，诚信是人生观、价值观、道德观的最基本的体现。人生在世，处处都要与人交往，一旦失去诚信，必然寸步难行。曾子有句名言"吾日三省吾身：为人谋而不忠乎？与朋友交而不信乎？传不习乎？"曾子反省检视这三点是检视自己对人、对友、对事是否真诚、守信、不欺瞒，以做到内不欺己、外不欺人。诚信是道德的试金石和分水岭。如果朋友间没有信任，就会尔虞我诈；夫妻间没有信任，就会同床异梦；父子兄弟间没有信任，就会家庭破裂。宋代理学家程颐说："人无诚信，不可立于世。"古今真正成大业者，没有背信弃义之人，这正如诗人海涅所说的："生命不可能从谎言中开出灿烂的鲜花。"

案例：

科学指引，"诚信"服务

2017年6月，全国家政诚信建设大会在北京召开，家政诚信平台正式运行；2018年3月，国家发展改革委、人民银行、商务部等28个部门联合签署印发了《关于对家政服务领域相关失信责任主体实施联合惩戒的合作备忘录》；目前，云南、江苏、上海、广州、长沙、连云港均已上线家政行业诚信平台。其中云南省在昆明试点建立的家政诚信平台，可供百姓在网上查阅家政从业人员的健康状况、从业经历、技能水平、用户评价等信息；江苏家政行业诚信（信用）识别服务平台以大数据为基础，为用户提供行业数据统计分析、红黑名单管理、联合奖惩功能等监管服务，未来将覆盖江苏全省服务人员；上海市民通过登陆"上海家政"诚信平台，能够查询到家政公司、家政人员的诚信记录，凡有过不良记录的家政服务员都将被列入"黑名单"，并通过平台在各家政公司共享信息，通过诚信平台，家政公司、家政人员和雇主还可以实现"三方互评"，保证服务质量。这一系列举措，有利于弘扬家政诚信文化，营造家政诚信氛围。

2019年，商务部、国家发展改革委印发了《关于建立家政服务业信用体系的指导意见》，旨在贯彻落实党的十九大关于推进诚信建设的精神，规范家政服务业发展，满足人民群众日益增长的美好生活需要，增强人民群众获得感、幸福感、安全感。

诚信在社会生活中既是一种道德要求，也是一种生活谋略和技能。诚信有以下几个特征：

1. 一致性

这是从诚信的适用范围来说。一致性是指诚信要求的内容在时空范围上具有普适性，即虽然古今中外不同民族、不同国家对诚信的理解和阐述会带有各自特有文化的烙印，但无一例外都要求人们在社会交往中真实坦诚、信守诺言、言行一致。

2. 智慧性

这是从诚信的具体运用方式来说。诚信是一个原则性的要求，但在履行这一原则时还需要讲究技巧。在现实生活中要考虑到社会环境的复杂性，人们的性格差异等特征，在不改变诚信宗旨的前提下，要根据实际情况审时度势，讲究方式、策略，以达到最佳效果。比如一个人在进行谈判的时候，就不能像与朋友交流一样，随意暴露自己的秘密；当一个人向别人提意见或者建议的时候，有时候就不能用不留情面的方式直接展开，而是要以真诚、委婉、恰当的方式让对方接受，这个过程就不能说是不诚信。

3. 止损性

这是从诚信的功能来说。止损性主要体现在两个方面，一方面，讲诚信的人能够有效地约束自己，抑制自己过分的贪欲和投机的企图，避免对他人和社会利益的故意伤害。正因为这一原因，许多国家和地区都特别重视诚信制度的建设，重视对人们诚信品质的培养。另一方面，讲诚信的人虽然可能会失去一部分眼前的利益，但往往能够赢得大多数人的信任，最终保住的是长远利益和根本利益。

4. 资质性

这是从诚信的价值来说。一个组织或个人，如果具有诚信的品质和行为，就会逐渐得到他人和社会的认同，进而积淀一定的信用度。这种信用度是企业和个人的无形资产，它不是实物或货币，但能够代替实物或货币作为交换媒介或行使支付功能。具有良好信用的企业或个人可以借贷资金或赊取物品和服务，具有强大的市场影响力。无论在什么社会，诚信都是单位和个人的无形资产和发展资本。

（二）诚信缺失带来的危害

诚信是国家发展和经济腾飞的重要保障。每个人都肩负着建设祖国的重大使命，家政服务员也为建设祖国贡献着自己的力量。可是在当今的家政服务工作当中，也出现了一些不守诚信的现象，有的家政服务员顺手牵羊、偷工减料，致使服务效果大打折扣；有的家政服务员爱占小便宜、斤斤计较，在服务中遇到不顺说不干就不干；有的家政服务员弄虚作假、伪造证书，欺骗家政企业和服务对象等。这无疑是不对的。

家政服务员的技术有考评，服务态度好比较，可诚信由谁来监管呢？

案例：

家政诚信，谁来监管？

刘女士两口子工作都很忙，为了到家就能及时吃上"热乎饭"，她从家政公司请了一位家政服务员帮忙做晚饭。初衷是为了省心，可家政服务员的到来却带来了一连串闹心事。刘女士的护肤品用量明显"增加"了，上班出门前炖好的一小盅燕窝，回来只剩了一半。更让她震惊的是，一次下班早，刘女士提前回家，竟看到家政服务员披着湿漉漉的头发，从卫生间洗完澡出来。刘女士迅速联系家政服务公司，辞退了这名家政服务员，并要求了相应赔偿。

现在市民对于家政服务的需求量非常大，从照看老人和小孩，到擦玻璃、打扫卫生。双职工忙于工作，不得不把钥匙交给家政服务员。但由于监管不明确，家政服务员占雇主家小便宜的情况仍然时有发生，上面所举的就是其中一例。最后，由于家政服务员不守职业道德，不讲诚信，家政服务双方形成了"双输"的结局。

诚信是一个人最重要的道德品质之一，是每一个人正确的道德取向。诚信是衡量一个人道德水平的重要标准，也是家政服务员能获得未来职业发展和事业进步的必备要素。

家政服务员的诚信缺失带来的危害主要表现在以下几个方面：

1. 弄虚作假，破坏家政市场氛围和良好的风气

在提供家政服务前，家政企业对于家政服务员相关资历、技能证书的查验是确保服务的第一道关口。为了得到工作，有的家政服务员

平时不努力，培训考核结束后铤而走险购买假证，开具虚假证明，隐瞒个人不诚信经历，不但学不到真才实学，还突破了自我约束，失去了诚信的道德品质。这样下去不仅使技能证书、培训考核形同虚设，更会让家政服务员产生投机取巧、不劳而获的错误观念，也扭曲了家政服务员的心灵。

2. 缺乏诚信意识，破坏公平竞争的规则

有的家政服务员刚开始服务几天就声称家里有事，说走就走，说不干就不干，让服务对象措手不及；有的家政服务员没服务几天就要求涨工资，没谈妥立马走人；有的家政服务员在服务中接私活，对本职工作打折扣；还有的家政服务员一旦遇到出价更高的公司或者服务对象，可以立即把手上的工作一丢，然后跳槽。这其实都是家政服务员对企业、对服务对象的不诚信。缺乏诚信，不仅破坏了家政服务市场的公平竞争的规则，也阻碍了家政服务员自身的发展。

二、诚信助人成功

（一）诚信是事业发展的基础

诚信是个人成就事业的根基，无诚则无德，无信则事难成。对于家政服务员来说，缺乏诚信就很难立足于社会，那就更谈不上事业的成功了。古往今来，在工作和生活中，因为失去诚信而损害了个人名誉，进而毁了个人前程的事例屡见不鲜。总之，诚信是个人的立足之本，是个人发展和事业成功的根基。

诚信是人们在追求人生目标、攀登理想高峰时最宝贵的品格之一，也是对人们的人格魅力和人生价值的最好诠释。通过了解众多成功者的创业历程和人生轨迹，可以得出结论：诚信对于一个人的成就至关重要。对于家政服务员而言，诚实守信也是最基本的素质和品格。家政服务员拥有诚信，就犹如拥有一笔丰厚的储蓄，能收获源源不断的回报。

诚信是做人最高尚的品质之一，诚信者追求事业上的成功，也追求人格上的完善，以做人为本，自尊自重。在追求利益的过程中，必须坚持诚信，以正当的方式参与竞争，不能见利忘义。诚信的价值不在于它给人们带来的眼前利益，而在于它的长远效益。诚信不仅给人们带来物质利益，而且还具有更高的精神价值。家政服务员对诚信品格的培养，是未来成功的资本，诚信前行之人，终会到达成功的彼岸。

（二）诚信是最基本的社会准则

诚信是一种社会准则，只有真诚待人的人才会被他人同等对待。无论是在日常生活还是在工作中，无论是对企业还是对个人而言，诚信都是最基本的准则。如果企业丧失了诚信，就容易给社会和公众造成危害，如果个人丧失了诚信，就会限制自身的发展。"以诚实守信为荣，以见利忘义为耻"是时代赋予我们的要求。家政服务员应努力培养自己的诚信意识，不为追求眼前的利益而罔顾诚信，要从小事做起，成为一个堂堂正正的人。

诚信是处理个人与社会、个人与个人之间相互关系的基本道德准则，是社会主义市场经济条件下企业发展的基本行为保障，也是对社会主义事业的建设者和接班人最基本的素质要求。家政服务员应尽心尽力地履行好自己的社会责任，做好自己的服务工作，建立诚实守信的个人信誉，从而获得更多的发展机会。

（三）诚信是一种道德规范，同时也受法律约束

诚信是一种道德规范，同时也受法律约束。诚信既是市场经济中的道德底线，也是人类活动的基本规范。诚信是一切社会活动的基本准则，是新时代社会人和职业人必须具备的基本素质。社会生活中，每个人在与他人交往时，都要做到讲诚信，守道德，不能违背与他人

之间的协定与契约，更不能损害他人的合法权益。若不诚实守信，不遵守社会公德，人与人之间的一切交往都不能进行，一切活动都无法开展，甚至整个社会都会陷入无序混乱之中。

家政服务员应当大力提倡诚信理念，增强诚信意识，形成诚信风尚。这是我国社会主义市场经济发展以及建立和谐有序社会的必然要求；应当树立诚实正直、实事求是、言而有信、无信不立的观念，自觉抵制"老实人吃亏""不说谎话办不成大事"的错误观念，养成表里如一、言行一致的诚信品质。

在构建社会诚信体系的背景下，还应建立规范、科学、操作性强的家政服务员诚信评价体系。诚信不仅是社会道德规范，更是一种法律强制的行为。每一位家政服务员都应该自觉遵守法律规范的诚实守信要求。

对于家政服务员发生的不诚信、不道德的行为，要用法律、法规和诚信评价体系、制度加以规范和约束。要在实践活动中不断强化诚信。弄虚作假，坑蒙拐骗，也许会使不诚信者获得一时的蝇头小利，但违背诚信、损人利己的人，不仅会遭受道德和良心的谴责，而且往往还会受到法律的制裁。不良诚信记录会伴随不诚信者一生，使其在今后的人生道路上举步维艰。而真正诚实守信，遵守道德规范的人，收获的则是他人的信任和社会的尊重，并受到法律的保护，必将走上人生的坦途。

三、恪守信约

恪守信约是对家政服务工作认真负责的一种表现，它既包括恪守成文的信约如合同、承诺书等，也包括恪守不成文的信约如助人为乐、关心同事等。无论在什么领域，恪守信约都是成功之本。一项对于工作业绩的研究发现，做任何工作，无论是什么职业，要取得优异的成绩，都要求恪守信约。

（一）遵守合同，信守承诺

在家政服务市场中，责任心强弱直接关系到家政服务员受欢迎的程度，也决定了他们能否在家政行业长久做下去。责任心强的家政服务员相对更受欢迎，因为责任心强的家政服务员相对更讲职业道德，更遵守合同和信守诺言。

家政服务员遵守合同和信守诺言，其实是为家政企业经营提供了一定的抵御风险保证，也为他们自己建立了一道安全防波堤。家政服务员最重要的就是遵守家政企业合同，信守对顾客的承诺。如果家政服务员坚持做到了这一点，就会产生巨大的社会效应，改变社会上一部分人对于家政服务员和家政服务行业的偏见。而这反过来又可以促进家政服务员工作业绩的提高。

（二）为服务目标，尽职尽责

恪守信约的家政服务员尽职尽责地完成工作目标。他们保质保量地完成工作，从不故意拖延，他们还乐于帮助新家政服务员熟悉工作，与他人分享新的信息。他们在做好自己的服务工作的同时，也关心和帮助他人工作。他们一方面虚心向他人请教，一方面也在不断帮助和支持他人。

对工作中的不足和差错，恪守信约的家政服务员能及时改正，并继续以满腔热情进行服务。他们对工作中的困难有着不怕苦、不怕累、千方百计战胜困难的决心和意志，他们总是把解决困难和完成工作放在第一位，而较少考虑个人得失。

1. 服务有条不紊，小心谨慎

恪守信约的家政服务员对自己的工作有着良好的敬业精神和一丝不苟的工作态度。他们总是能够把工作安排得有条不紊，既有长远的规划，也有短期的计划，乃至制定了应对可能发生的问题的处理预案。他们在提供服务时小心谨慎，随时注意服务过程中存在的问题。他们重视经验总结，并会把这些经验运用在将来的工作中。他们会预估未来事件和服务过程可能造成的影响，并做好思想上、工作上的准备。

2. 增强自制力

有研究者对不讲道德，违反纪律，且在事业上遭受挫折的管理人员进行了测试评估，结果表明这些管理人员都难以控制自己的情绪冲动，只顾眼前利益的满足。而有自制力的人能够认真思考自己的行为可能产生的后果，并对自己的一言一行承担相应的责任。

有资深人力资源工作者认为：如果挑选从事生产工作的人，无论是准备用在哪一层级，都不要选择那些自制力差的人，这些人出差错的比例非常高。

显然，是否拥有高度的自制力，对一个人的事业能否成功具有重大影响。这点对于家政服务员而言尤为明显，因为家政服务员要面对良莠不齐的大量服务对象，如果没有高度自制力，就很容易和服务对象发生冲突。当然，要求家政服务员具有高度自制力并不是要求家政服务员事事委曲求全，而是要求家政服务员遇事不要情绪化，要冷静分析和解决所遇到的问题。

第三节 奉行信念——敬业

一、感悟敬业

家政，是一个非常平凡的岗位，但却深入千万人的生活，在家务服务、养老服务、新生儿护理等不同领域发挥重要的作用。从中也诞生了许多在平凡的岗位中兢兢业业工作，实现人生价值的优秀家政人员。

他们来自五湖四海，融入城市的万家灯火之中，在看似不起眼的家政行业中大展作为，助推家政行业成为互利共赢的爱心工程。

案例：

在平凡的岗位中实现人生价值

王阿姨是一位平凡的家政人，她对待工作认真负责，任劳任怨，其他人不愿意干的活，她都接手自己干，照顾了很多老人。

"有一位老人患有重度糖尿病，和女儿一起生活，女儿也离婚了，两个人相依为命，过得很辛苦。"王阿姨充满同情地说，"后来他的一条腿出脓、溃烂、发黑，味道也很难闻。他们找了很多保姆，人家都不愿意做，后来找到了我。我一看他们家里这个情况，真的很同情这个老人，我想我就做吧，就毫不犹豫地同意了。"

在接手后，王阿姨很是负责，帮助老人剪指甲、剃头、洗澡、换洗尿布，她还坚持每天都给老人翻身、捶背，把老人照顾得干净清爽。

"很多老人都有丰富的人生经历，虽然现在年纪大了，身体不行了，但是我对他们好，他们也把我当家人和朋友，有的心里话也会和我说，我觉得特别开心，生活特别充实。"

多年来，王阿姨把雇主的家当成自己的家，把雇主看成自己的亲人，时时刻刻都为雇主着想，得到了雇主的认可与好评。

来自杭州的居家养老护理员俞阿姨，在 6 年前接触了家政行业。她照顾过 101 岁的高龄老奶奶，照顾过瘫痪在床的失独老人，也照顾过患有小儿麻痹后遗症的孤寡老人。在她看来，这些老人都已经成为了她的亲人，照顾他们已经是她生活的一部分，也是她责任的一部分。在 2020 新冠疫情最严重时，俞阿姨还主动请缨，申请加入当地首批驰援湖北养老护理员预备队。后虽由于工作变动而无法驰援湖北，但她立即转入抗疫大后方，为援鄂医护家庭提供免费的家政服务。

"家政看起来都是一些基本的活，但也需要不断学习。"她谦虚地说，"我没有什么秘诀，就是反复做，做不好的地方我也问别人，大家互相学习，互相进步。"俞阿姨如此坚持了 6 年，得到了老人们的一致认可和称赞。但她也并不因此骄傲、吹嘘，还是继续用自己的真心关爱老人、帮助老人。她的工作，没有轰轰烈烈的事迹，也没有惊人的壮举，但在平凡中常见感动。

像这样默默坚守在平凡岗位上的家政人还有很多很多，锅碗瓢盆奏响了他们生命的交响曲，老人、孩子等是他们珍爱的宝贝，养老陪护、母婴护理、居家保洁，他们都是行家里手，他们靠自身勤奋与奉献支撑起一片片遮风避雨的绿荫，他们把人类最深沉的爱奉献给一个个大家小家！

（一）爱岗敬业

爱岗就是指热爱自己的工作岗位，热爱本职工作。爱岗是企业和社会对每一位家政服务员的工作态度的普遍要求，热爱本职工作就是家政服务员以正确的态度对待服务劳动，努力培养自己对家政服务工作的幸福感和荣誉感。如果一个人爱上了自己的职业，就一定会全身心地投入到工作当中去，就能在家政服务的平凡岗位上创造出不平凡的业绩。

每一个家政服务岗位都承担着一定的职能，是家政服务员在社会分工中所获得的角色。工作岗位对于人们而言，不仅意味着生活的经济来源和谋生的手段，还意味着一个社会承认的正式身份和与之伴随的社会责任。作为家政服务员，在择业和就业过程当中要从社会需求的角度出发，培养自己服务的兴趣，热爱家政工作。所谓热爱家政工作，就是不仅要做服务项目条件好、待遇高、专业性强的家政工作，而且对于那些条件艰苦，或者地点比较偏、内容单调的家政工作，也要抱着干一行、爱一行的态度，去适应不同岗位的要求。在所有这些岗位上都能认真工作的家政服务员才能更好地赢得社会和他人的尊重。

敬业就是要用一种严肃的态度对待自己的工作，勤勤恳恳、兢兢业业、忠于职守。整个社会就像一台复杂的机器，其中的任何一个环节，哪怕是一个小小的螺丝钉出现了问题，都会影响整台机器的运转。如果家政服务员在自己的服务岗位上不能做到尽职尽责、忠于职守，不仅会影响家政企业的生存和发展，有时还会给国家、社会造成一定程度的损失。

案例：

爱岗敬业，征服用户

小王进入家政服务行业时才32岁，而这个行业的一线工作者大多已经四五十岁了。这就使服务对象常因她太年轻而质疑她的工作能力和经验。可年纪的大小并不能完全代表能力的高低，小王不甘心因为这个原因一次次被客户拒之门外。为了打消客户的顾虑，小王曾提出3天试用期的建议，承诺服务对象，如果3天内对她的服务不满意可以不付钱。为证明自己的能力，小王全身心投入工作，她会根据家庭成员不同的年龄与身份，为儿童、妈妈、爸爸、老人分别准备不同营养成分的健康餐饮；为准妈妈提供专业的指导意见，为其排解忧虑，消除临产恐惧症。最终，她事无巨细、贴心专业的服务彻底征服了服务对象，赢得了他们的信任。

爱岗敬业是职业道德的基础，也是一种普遍的奉献精神。爱岗与敬业是相互联系的，爱岗是敬业的基础，敬业是爱岗的具体表现，不爱岗就很难做到敬业，不敬业就不能说是真正的爱岗。家政服务员只有做到了爱岗才能敬业，敬业才能将工作做到最好，才能激发对岗位的无限热爱之情，两者相辅相成，互相促进。只有做到爱岗敬业，才能激发出人们无穷的工作动力，才能使人们产生克服困难的勇气与力量。

职业是一个人赖以生存和发展的基础和保障，一个工作岗位的存在，往往也是人类社会存在和发展的需要。爱岗敬业不仅是家政服务员生存和发展的需要，也是社会存在和发展的需要，这就要求每一位家政服务员都要具备爱岗敬业的工作态度，去实现自我价值，为社会的发展奉献自己的光和热。

（二）爱岗敬业就是干一行，爱一行

在市场经济情况下，社会上普遍采用求职者与用人单位双向选择的就业方式，这种就业方式的优势在于能使更多的人从事自己感兴趣的工作，用人单位也能挑选出适合企业需求的人才。双向选择的就业方式为更好地发挥人的劳动积极性创造了条件，有助于培养和激发劳动者爱岗敬业的职业精神。

首先，爱岗敬业并不是说要排斥家政服务员的全面发展，要家政服务员终身从事一个工作。干一行，爱一行的真正含义是要人们在做好本职工作的同时，不断增长知识和才干，努力成为本行业的多面手和专家。家政服务员要根据家政企业和社会的需求，并结合自己的个人专业特长和兴趣爱好，进行正确的职业定位，充分发挥自己的积极性和创造性，提高自身的就业竞争意识，自觉遵守忠于职守、爱岗敬业的职业道德规范。

其次，家政服务员是否爱岗敬业是用人单位和服务对象挑人的一项非常重要的标准。家政企业更倾向于录用那些具有爱岗敬业精神的人，因为热爱自己所从事的工作是一个人能专心致志地做好本职工作的前提。只从个人兴趣出发，对行业和工作见异思迁的家政服务员，是不可能受到家政企业和服务对象青睐的。

案例：

做好本职工作，发挥光和热

王阿姨从事保洁工作已经十余年了，她十分热爱这份工作。保洁工作看似不复杂，但要做好也是有门道，要技术的。在经过多年工作磨炼后，王阿姨参加了当地的清洁行业技能大赛，并在

理论和实操方面都获得了好成绩。比赛回来后，王阿姨把自己学到的新知识总结成讲义，利用业余时间为公司员工做培训，提高了大家的业务水平。

王阿姨从事清洁工作多年所获得的经验是：要想做好清洁工作，一是要有责任心，二是要细心，三是要有耐心，要不断提高自己的技能。"我每天看到地上整洁、镜子光亮、水龙头没有水渍，就特别开心。"王阿姨说，"虽然每天的工作都是这些重复的小事，但我自己都有明确的规矩，每个月都有月计划，每天也有安排，以保质保量干好本职工作。"

孙阿姨从事月嫂工作已有十余年，与她同时期接受月嫂培训并入行的人很多都转向外地市场"淘金"，但孙阿姨却心系家乡，选择扎根当地。

"2012年5月，我接到从事月嫂工作的第一个单。"孙阿姨回忆说，"现在我都觉得这家雇主是最难做的。雇主是做生意的，他家里有个保姆，但不会带小孩，所以想先雇我照顾儿媳坐月子，让保姆偷偷学点育儿经验，再把我辞退，这可多难做啊！所以我一去，雇主就经常找事情来刁难我，莫名其妙对我发脾气。那时候我每天压力好大，好几次都觉得做不下去了，想找机会走，但是想到培训时老师一直和我们说，第一单不论多困难，都要坚持下来。我自己也是个个性要强的人，我想虽然雇主不看好我，但我一定要好好做，即使最后走了也要走得心服口服。没想到后来，产妇特别喜欢我，因为我做事还是很专业的，对雇主也很真诚，最后顺利做满28天，完成了我的第一个月嫂单。现在想起来还是觉得很不容易，但也很庆幸当时自己坚持下来了。"

"虽然月嫂的工作有苦有累，但还是甜更多。大部分的雇主都是善解人意的，碰上好的人家，那待遇根本不像是月嫂，而是像家人一样。人家对咱好，咱更不能让雇主失望，得加倍努力工作才行。"孙阿姨说。月嫂的工作不仅让孙阿姨学到了专业知识，也让她和很多雇主成为了朋友，常常工作结束了，许多产妇还舍不得让她走，被雇主"强留"的事儿经常发生。现在孙阿姨照顾的每一个雇主都跟她保持着联系，经常向她请教育儿知识，孙阿姨都会在微信上耐心解答，可谓单单终身售后！

（三）乐业才能敬业

"乐业"的"乐"，指的是"以……为乐"。乐业即安于职守，乐于效力。任何职业都是有趣的，只要你愿意工作，兴趣自然会产生。人们应当像热爱生命一样去热爱自己的工作，无论从事什么领域的工作，也无论岗位的高低，只有爱岗才能让人们在工作过程中体会到乐趣和满足，才能让人们体会到工作上的幸福感和成功感。一个人是否喜欢所从事的工作，会导致他在工作中的态度截然不同。喜欢自己所从事的工作的人，能以积极的心态对待工作，即使遇到困难和挫折，也会主动寻找出现问题的原因，然后找出解决的办法。而不喜欢自己所从事的工作的人，会经常性地抱怨工作中的各种不如意，以消极和敷衍的态度对待工作，这样必然无法取得工作的进展和事业的成功。

案例：

干一行，爱一行

原本就读服装专业的小芳，突然转行做了家政服务员，至今已有三年多，还做得不亦乐乎，这是怎么一回事呢？

原来，小芳在广东开了服装店，但她老家在浙江，之前由于工作原因夫妻分居两地。但有孩子以后，小芳考虑到孩子还小，需要母亲的陪伴，便毅然放弃了原来的工作，回到浙江老家。

"其实一开始没想很多，只是因为老人没办法过来，孩子也需要带，所以我们讨论后决定回老家。我想把更多精力放在孩子身上，再找一份能兼顾带孩子的工作，家政服务可以自己选择工作时间，我很喜欢这样的工作方式。"

小芳所在的家政公司实行的是员工制，不仅有底薪保障，还交社保、养老保险，正符合她上述的期望，她也就此入了行。

在尝试了家政服务工作一段时间后，小芳发现，家政服务不仅仅是打扫、清洁，在和服务对象长时间相处后，双方也变成了朋友，在她服务到期后，以前的服务对象还会惦记她，希望她有空能来聊聊天。小芳越来越喜欢现在的这份工作，她不断学习，除了家政服务必备技能外，她还学会了绿植养护，还可以为服务对象家庭打理绿植。

"干一行，爱一行。"小芳说，"可能有些人对家政工作有偏见，但对我来说，这是一份有价值、有意义的工作，我也很享受其中，我会继续做好每一份工作，让服务对象满意，也自己多学点知识，多学点技能。"

要做一个心态积极的家政服务员，就要用乐业的心去发现家政服务给从业者带来的美妙和无穷乐趣，就要用敬业的心去发掘内心蕴藏着的无限活力和巨大的创造力。家政服务员对于自己的工作越热爱，决心越大，工作就越快乐，工作效率就越高。

当人们以热情的态度去面对自己的工作时，工作就不再是一件苦差事，而是一件充满价值和乐趣的事。快乐的工作不仅会给人们带来成就感和满足感，还会为人们创造更多从事自己所热爱工作的机会，为人们未来的职业发展带来新的机遇。

乐业是敬业的基础，敬业是生存的需要，只有敬业乐业的家政服务员才能为自己的生存和发展创造出必要的物质财富和精神财富，才能拥有生活的不竭源泉，才能找到生存的真谛。敬业乐业能使家政服务员的生活变得更有乐趣和意义，能促使家政服务员为家政企业、为社会贡献更大的力量，并创造出更高的价值。

二、敬业塑造人才、敬业成就事业

案例：

一个家政服务业协会的诞生

家政服务企业家刘某有强烈的使命感，要把家政服务行业做大做强，因此，他梦想成立一家行业协会，以协调、规范和发展本地的家政服务业。

为了推动家政服务业协会的成立，他付出了百倍的心血和努力。从 2005 年起，他就开始奔波于各个家政服务机构，记下机构门店的电话号码和负责人姓名。而后向妇联和相关政府部门提出合理化建议，并提供家政服务市场的基本情况，为家政服务业协会的成立奠定了良好的基础。

此外，刘某还邀请相关部门的领导深入一线进行市场调研。2009 年，为了加大相关部门对家政服务行业的重视力度，他积极联系省家协领导来市调研，受到市政府主要领导的接待。从此成立家政服务业协会被列入市委、市政府的工作议程，市委书记和人大常委会主任指示有关部门，要加快成立市家政服务业协会的步伐。在他积极的努力和筹备下，2011 年该市家政服务业协会正式成立。

（一）敬业是一种职业态度

敬业是一种职业态度，也是职业道德的体现。敬业精神的强弱取决于一个人的职业态度。一般来说，人的智力差别不大，工作绩效的高低往往取决于人们对待工作的态度。现代企业选用人的标准就包括必须具备敬业精神。具有敬业精神的家政服务员不是将工作目标当成一项任务来完成，而是用敬业的态度把普通的服务当成一种事业和使命来全身心投入，为家政事业的发展贡献自己的力量。敬业精神是一个家政服务员必须具备的职业道德，也是人们从事任何职业、任何行业不可或缺的重要品质。

在激烈的市场竞争中，家政服务员的敬业态度决定了家政企业的生存和发展。忠于职守，爱岗敬业的家政服务员，能为家政企业带来良好的口碑和形象，为顾客提供优质的服务。将敬业意识深植于自己脑海的家政服务员，会用积极主动和愉悦的心态来面对工作，从而为家政企业的发展创造更多的价值，同时也能为自身的事业成功获取更多的经验和机遇。

每一个蓬勃发展的家政企业里，一定拥有一批兢兢业业、埋头苦干的员工。作为家政服务员，必须具备爱岗敬业、求真务实的精神，这样才能赢得家政企业和顾客的信任和尊重，敬业精神可以让家政服务员从平凡走向优秀，从优秀走向卓越，它也是家政服务员不断超越自我、取得事业成功的核心竞争力。

（二）责任感是敬业的体现

只有珍惜工作的人，才会拥有工作的机会；只有珍惜工作的人，才会发自内心、积极主动地工作；只有珍惜工作的人，才会敬业爱岗；只有珍惜工作的人，才会全力以赴，把工作做到最好。

1. 全心全意地热爱本职工作

敬业的前提条件是对本职工作的热爱。如果人们不热爱自己的本职工作，对工作没有饱满的热情，就不能真正做到爱岗敬业。当人们在做自己喜欢的工作时，很少会感到疲倦，因为做自己喜欢的工作会让人们享受到工作的快乐。相反，如果人们对自己所从事的工作很厌烦，随之产生的职业倦怠会使人们意志消沉，工作效率低下。

是否热爱自己的本职工作，很大程度上决定了人们能否具有尽心尽力、积极进取的良好职业态度。无论从事何种职业，人们都应当竭尽全力、积极进取，尽自己最大努力提升工作技能，不断地进步，都应该把爱岗敬业的精神作为一种职业习惯，融入到自己工作的每一个细节中。人们要有"干一行，爱一行；爱一行，钻一行"的意识，精益求精，尽职尽责，从而创造美好的工作前景。

2. 加倍珍惜工作机会

在激烈的人才市场上，家政服务员要想获得职业发展的机遇，就要加倍珍惜来之不易的工作机会。面对就业竞争的压力，人们要根据自己的能力水平进行合理的职业定位，不能好高骛远、眼高手低，只有珍惜自己的工作和岗位，用智慧和辛勤的劳动来证明自己的才干，工作才能稳定，事业才能发展。

案例：

走出国门的月嫂

赵阿姨是一名爱岗敬业的月嫂。有一次，她要照顾一名36岁的高龄产妇和刚生下的男婴。男婴患有溶血症，在监护室里接受照射治疗，为保证治疗效果，每隔两小时左右，男婴要翻身一次。她在医院守了7天7夜，每天睡眠时间只有大约3小时，男婴的家人看她太累了要替换，可赵阿姨放心不下男婴，没有同意。之后，产妇和产妇爱人非常感动。还有一次，她所照顾的产妇有一些产后抑郁，经常哭，婆婆很心烦，常常用负面言语数落儿媳。赵阿姨帮助产妇放松心情，给产妇放一些舒缓心情的音乐，并主动帮婆婆干家务，和婆婆唠家常，化解婆媳二人的矛盾。接着，她又找到了产妇的爱人，让他多关心、安抚妻子，从而缓解了产妇的抑郁。事后，这家人都很感谢赵阿姨。

因为工作出色，赵阿姨被人看中，将去海外工作。

珍惜自己的工作是一种责任、一种承诺、一种义务、一种精神。只有用真诚的心去工作，才能热爱自己的职业；只有尊重自己所从事的工作，才能精通业务，不被家政企业和服务对象淘汰。只要有一颗积极向上的心，无论做什么工作，都会在工作中努力挑战困难，心在哪里，收获就在哪里。因此，只要珍惜工作，不在乎别人的不理解甚至负面的评价，积极主动，兢兢业业，家政服务员的劳动和付出就一定能得到他人的尊重、企业的认可和社会的承认。

（三）敬业使人成功

无论从事什么行业，只有全心全意、尽职尽责地工作，才能在自己的工作领域出类拔萃。这既是敬业精神的直接表现，也是社会和企业对每一个从业人员的基本要求。真正热爱工作的人，将工作看作一项神圣的天职，对工作怀着浓厚深切的兴趣。如果家政服务员对工作满怀热情，竭尽全力，就能超越平庸的工作，成就完美的事业。哪怕是最平常的服务，也倾注着家政服务员的心血和热忱，这些心血和热忱，可以使它成为一项高尚而快乐的事业。

案例：

不断成长的母婴护理中心

　　某母婴护理中心在成立之初便遇到了很多困难，其中最大的障碍就是从事月嫂服务工作的人员年龄偏大，文化教育程度较低，服务意识不强，不能很好地满足客户的服务要求。但是公司并没有放弃，公司专门聘请了多名本科以上学历的培训老师，组建了一支培训能力强、教学经验丰富的师资队伍，坚持对月嫂进行专业知识和技能的强化培训，并针对月嫂学习能力低的实际情况，合理设置课程，注重技能操作训练和素质教育。此外公司还在月嫂培训的基础上，增加了育儿、家政、小儿推拿保健、产后恢复、通乳、灸疗等内容的培训，拓宽了月嫂的知识面，提高了月嫂的综合素质和服务水平。公司内部建立的培训制度和上岗规范，让他们的品牌发展之路越走越稳。近年来，该母婴护理中心以先进的服务理念，推行"5S母婴全程服务"模式，将孕期和产后各阶段需求整合成一条完整的爱心服务链。公司在不断成长和发展的过程中，十分重视敬业的文化氛围，让员工有更多的幸福感和归属感。

　　工作不仅仅是人们谋生的手段，更是人们服务社会、奉献他人的途径，工作使人的生命具有意义。家政服务员在职业的生涯中，应当树立正确的职业道德观念，抱着敬畏心对待工作，即便是辛苦烦躁的工作，也要一丝不苟、有始有终地完成。家政服务员要立足本职工作，体会平凡岗位工作带来的乐趣，使每一天的工作都充满意义。

（四）敬业成就事业

敬业精神是成就事业的前提和基础，有了敬业精神才能有立业之本、立业之能，敬业精神会化苦为乐，化复杂为简单，化踌躇为果断，敬业精神会让人们产生无穷的毅力和决心，成为人们实现职业理想的强大支撑力。

一个人的成才与成功，外部因素固然重要，但更重要的是自身的勤奋与努力。勤奋才能敬业，勤奋工作才能激发人们的内在激情，才能使人们增长工作智慧。这是创造最佳工作业绩的有力保证。

在家政服务员职业发展的道路上，敬业精神直接决定着家政服务员未来事业发展的高度。只有认识和领会了勤奋敬业的内涵，才能不断提升自我，追求卓越。作为家政服务员只有干一行，爱一行，精一行，才能更好地适应家政服务发展的要求，才能发挥自我效能，提高工作效率，获得事业的成功。

三、传承敬业精神

（一）培养爱岗敬业的职业态度

敬业是传统美德，中华民族历来有敬业乐群、忠于职守的传统，敬业精神是一种优秀的职业态度，一种高尚的品格，一种良好的行为习惯。追求完美、精益求精的敬业态度是人们通往职业巅峰成就的台阶，是人们最宝贵的财富之一。

好的职业习惯并非与生俱来，需要人们不断地培养和锻炼，时常自我警醒，找出自己服务的差距和不足，逐渐使自己的行为习惯职业化，从简单的小事和细节做起，将良好的职业态度和职业习惯植根到自己的意识里。良好的职业习惯会对人们的思维方式和行为方式产生潜移默化的影响。将简单正确的职业习惯坚持下去，就能产生巨大的力量，使人们变得更优秀，工作表现得更出色，同时还能使人们获得更多的知识、更快乐的体验。养成敬业的习惯，会让人们终身受益。

（二）努力做到爱岗敬业

随着经济和社会的不断发展，市场竞争越来越激烈，家政企业作为市场竞争的主体面临着空前的挑战和压力，社会的发展呼唤敬业精神，家政企业的改革和发展需要敬业精神，作为未来家政企业的主人，家政服务员应当培养、激发自己的爱岗意识，增强敬业精神，用满腔的热情去迎接明天的挑战。

案例：

小时工，大作用

为了准备儿子的婚礼，王阿姨提前聘请了一名小时工陈阿姨。王阿姨原本一直觉得请小时工是一种浪费，但是经过这次她却发现小时工的作用很大。陈阿姨把王阿姨儿子的婚房打扫得干干净净，把家里擦得一尘不染，边边角角每个细节都清理到了，连旁人很少擦的厨房和卫生间的吊顶，她都进行了清扫。地板是蹲跪在地上擦的，沙发下面和柜子下面只要能够得着的地方，都清理得干干净净的。王阿姨感到很高兴，连连为陈阿姨细致的工作、敬业的精神点赞。

1. 将工作当成使命

敬业是一种能力、一种精神，更是一种优秀的品质。敬业精神是职业素养的主要内涵，是职业道德的核心内容。敬业精神源于家政服务员对工作的热爱和对家庭、对社会的责任感。我国正处于社会主义初级阶段，国家的建设和民族的振兴都要依靠我们来实现。我们要将国家的繁荣富强当作自己的责任，将工作当作我们的神圣使命，当作家庭幸福、社会发展的源泉，要用一颗真诚的心去对待工作，才能真正感悟工作的价值和生命的意义。

2. 做好本职工作

家政服务员既要树立远大的职业理想，又要根据自身条件进行合理的职业规划。社会主义职业道德所提倡的职业理想是以为人民服务为核心，以集体主义为原则，每一位家政服务员都要热爱自己的本职工作，将自己的职业兴趣与社会、家政企业的需求结合起来，把社会的需要作为自己的志愿，将家政企业的需求作为努力的方向，在工作中逐步培养自己的职业兴趣和职业能力。

一个家政服务员，即使目前所从事的家政服务领域不太理想，也应争取在自己的本职工作上有所作为，锻炼自己的能力。平凡的岗位上同样可以成就辉煌的事业。

3. 爱岗敬业就要乐于奉献

奉献精神是敬业精神的升华。爱岗敬业的职业道德要求家政服务员在个人利益和企业利益发生冲突的时候，为工作的需要作出一定的个人牺牲：有时需要放弃休息；有时需要放弃与家人的团聚坚守工作岗位；有时需要忍受异地工作身边少亲朋好友的寂寞；有时需要独自承担工作的压力，为社会的需求与发展默默付出；有时需要克服职业倦怠，用满腔的热情和吃苦耐劳的精神，在自己的工作岗位上孜孜不倦，执着拼搏。

个人的一份付出产生的力量非常渺小，但聚集了众人的力量就能释放出巨大的能量。工作的激情和乐于奉献的敬业精神可以影响和感染周围的人，让人们提高工作绩效，并增强企业的凝聚力和战斗力。

4. 爱岗敬业就要积极进取

作为家政服务员，事业的成功源于努力刻苦，源于扎实的专业知识和技能。在职业生涯中，家政服务员要抱着坚持不懈、终身学习、努力提高服务技能的理念，才能逐步成功。

　　家政企业也在不断提高对人才的要求，家政服务员只有抓紧时间，在有限的岁月里努力提高技能，积极进取，才能为未来的职业发展打下坚实的基础。家政服务员开始工作并不意味着学习生涯的结束，而是另一种学习的开始。爱岗敬业不仅意味着家政服务员要努力做好本职工作，还要求家政服务员不断思索如何提升自己的职业能力，不断掌握新服务技巧，把工作做得更好。家政服务员要勤于思考，改进工作方法，提高工作绩效，创造更多效益，努力成为家政服务领域的业务骨干和服务尖兵。

第四节　抓住根本——责任

一、责任是一种力量

（一）责任意识

责任意识是人们对自己的角色职责的自觉意识。它包含两层含义：一是人们的行为必须对自己、他人和社会负责任，二是人们对于自己的行为必须承担相应的责任。

案例：

再就业，创造辉煌

国某于 2007 年初进入家政服务行业，并立志将该项事业做到底。

"2007 年很多企业开始面临改制，下岗失业人员日益增加，为引领下岗失业人员再就业，我创办了家政服务有限公司。"作为一名改制前国有大型企业的管理人员，国某比其他人更能理解忽然之间失去工作的那种感受，所以从那时起她就带着她的团队做起了属于自己的家政事业。

目前该公司的服务链条主要围绕着从孕期准妈妈开始到生活中的家政服务再到后期养老直至临终关怀的一条龙服务。想要做一条龙的服务就需要方方面面都顾及。例如养老服务，目前一提到养老，大多数人想到的都是残疾老人，不然就是没人照料或不能自理的老人。但实际上那些阳光的、充满活力的、健康的老人也同样需要关怀，让他们活得快乐、幸福、有尊严，能为社会发挥余热，更是家政公司努力的方向。"现在做养老服务实体的机构很多，我们肯定不会去跟风了，如何让更多的老年人有一个健康幸福的晚年，许多人都在喊口号却没人在做，我要做的是要把养老当成一个产业，包括老年大学、老年智慧养老、老年食堂、旅居安养，带着老人享受幸福的晚年。目前老年活动中心已进入试营业阶段。"国某说。

国某的家政服务有限公司现已成为当地影响力较大的家服企业之一，并与当地各大医院建立了长期合作关系，为医院提供临床月嫂、护工、孕妈课堂、健康保健等多项服务。

2011年国某还建立起了第一所家政职业培训学校，这是当时该地区唯一一家再就业培训基地。家政职业培训学校的办学宗旨始终秉承着"专业育人，服务尚德"的责任，帮助下岗人员实现再就业。从2011年发展至今，该校陆续培训10 000余人，其中近3 000人在家政公司实现了再就业。此外，该校还连年被评为"双优"企业。

责任意识不管在服务中还是创业中都起着非常重要的作用，责任意识不论对于个人还是对于企业来说都是经久不衰的发展原动力。

1. 责任是一种使命

生活就是经历不同的人生阶段，扮演不同的社会角色。人在不同的人生阶段会有不同的目标，不同的角色则意味着不同的责任。责任就是一种使命，不同的责任赋予了人们不同的使命，人们要勇于承担起这些责任，努力完成属于自己的使命。

2. 情感是责任的基础

情感是责任的基础。责任是与人生观、价值观、世界观等紧密相连的。如果一个人的价值观取向是以奉献为乐，那么他的责任心就会很强，如果一个人的价值观是利己主义的，那么他对人和事的责任心就会相对弱一些。如果一个人对父母妻儿毫无感情，那么他就很难对家庭负责任；如果一个人对企业不热爱，对组织不认同，那他也不可能为企业发展作出自己的贡献；如果一个人对祖国没有情感，那他就不可能在祖国遭受危难之际挺身而出。责任是靠情感维持的，又在行动中反映出来。

责任的承担离不开坚强意志的支撑，只有在战胜困难、抵制各种诱惑的过程中，才能体现出人的责任感。

3. 工作意味着责任

一个人事业的成功不在于他所从事的工作是平凡还是伟大，而在于他如何完成自己的工作，承担起工作赋予他的责任。家政服务员要想有所作为，就要树立起在工作中实现自我价值的理念，并做好自己的本职工作。

如果一个人非常热爱工作，那么他的生活就是幸福的。如果一个人非常讨厌工作，那么他的生活一定很痛苦。一个人的人生态度决定了他对工作的态度，对工作的态度又反过来影响了他的人生态度，只有对自己的人生负责的人才可能在工作中勇敢地承担责任。

责任就是义务，工作责任就是职业义务，负责任的员工会认识到自己的工作在组织中的重要性，从而将组织目标的实现作为自己的目标。人们要认清工作职责是完成工作的基础，只有知道了自己能够做些什么，才能将事情做得更好。

因此，家政服务员要时刻记住自己的工作和责任，工作意味着责任，把工作当成一种责任才能做得更好。唯有家政服务员认清自己为社会服务的责任，并且承担起这些责任后，家政服务行业才能够变得更强大，家政服务员的人生才会有更精彩的展示平台，家政服务员的事业也才更有成功的可能。

（二）责任感缺失

在现实中，有部分家政服务员缺乏责任感，具体表现为：

1. 职业责任意识模糊

不管人们从事什么职业，只要承担了一份工作，就会有一份相应的责任。不同的工作带给人们不同的责任。选择参军入伍，就要平时苦练基本功，提高实战能力，战时冲锋向前，英勇杀敌，而不能因为怕流血牺牲当逃兵。选择了医生这个职业，就要救死扶伤，善待病患，而不能在疫情爆发之时临阵脱逃。选择当一名环卫工人，就要把自己的工作区域打扫得干干净净，而不能留下卫生死角。

部分家政服务员在角色转变过程当中，存在职业责任意识模糊甚至缺失的情况。大数据调查显示，家政服务员在用人单位的稳定率较低，一些家政服务员频繁毁约跳槽，或者在服务过程中敷衍了事，这都暴露出这些人责任意识淡薄甚至严重缺失的情况。

2. 集体责任观念淡薄

有的家政服务员在进入到家政行业之后，依旧以自我为中心，缺乏社会责任感。这些家政服务员由于缺乏对企业的认同感和归属感，对工作敷衍了事，协作观念、服务意识、奉献意识淡薄，对企业、社会的索取大于贡献，缺乏乐于奉献、吃苦耐劳的精神，没有形成与家政企业同命运、共存亡的集体责任观念。

3. 职业责任感低

许多家政服务员仅仅将工作当作任务来完成，却没有考虑如何用心把事情做好，这是不成熟、不负责任的表现。家政服务员无论从事哪种具体的服务，都要承担相应的责任，把自己的工作做得尽善尽美，这就是一种对他人、企业、社会负责任的表现。不同的工作责任意识会将家政服务员引向不同的道路，前者注定失败，后者迟早会成功。

如前所述，任何人要想获得事业上的成功，必须具备责任感。因此，无论是家政企业，还是家政服务员个人，都要想方设法克服上述的各种问题，这样才能获得企业的发展和个人的进步，进而为社会的发展进步贡献自己的一份力量。

二、责任是事业基石

（一）认清岗位责任

能否学会承担责任，是否具有良好的责任意识，直接影响着我们对待工作的态度和职业生涯的发展。所以，家政服务员在工作中也要学会承担责任，培养良好的责任意识，使之成为一种职业能力和职业习惯。

在家政服务过程当中，我们经常会看到这样的场景，如果有一位家政服务员迟到了，服务对象问他为什么会迟到，他十有八九会说：

"因为交通堵塞了，所以迟到了。"

"因为公交车上人太多挤不上去，所以迟到了。"

"因为下雨天，所以迟到了。"

"因为家庭里面有点事，所以迟到了。"

"因为……"

但很少有人会说："对不起，这是我的错。"

当家政服务员进入家庭服务时，他就已经有了这份工作带给他的责任，在工作中的迟到就是一种过失，需要有承担责任的勇气，而不是一味找借口。如果连这样小的过失都没有勇气承担，又怎么会有勇气承担更大的责任呢？家政企业又怎么会愿意将更重要的工作交给这样的家政服务员呢？

学会承担工作责任是家政服务员职业生涯中最重要的一步。在服务中，我们首先要对自己承担的工作责任有一个全面的了解和认识，并有针对性地学习相应的岗位所需的知识和技能，才能提高业务素质和实际工作能力，承担工作责任，适应工作要求。

家政企业和服务对象在试用期内对家政服务员进行考核和监督，其实就是对家政服务员在工作中承担责任的表现进行审核和鉴定。因此作为家政服务员，要想在职业生涯中得到好的发展，除了要认真学习业务知识，努力提高服务技能之外，更重要的是要学会勇敢地承担责任。

家政服务员要熟悉自己的工作职责和服务内容，主动承担自己服务的任何事情，而不仅仅是等待服务对象的安排，事事等待安排的家政服务员最终只会被淘汰。家政服务员要认清自己的责任，不推卸责任，充分发挥自己的专业优势，展现出一个负责任的形象，为今后的工作和未来长远的发展打好基础。

（二）责任伴随机会

有些人喜欢到处找属于自己的机会。其实，做好本职工作，敢于承担自己工作中相应的责任，机会就会无处不在。机会永远伴随着责任，当机会出现在人们面前的时候，有些人可能会因为以下的几种原因而错失机会：

1. 没有与机会相匹配的能力，眼睁睁地看着许多机会从身边溜走；
2. 机会来到面前，自己没有准备甚至缺席；
3. 没有意识到责任就是机会，见到责任就逃避。

在工作中承担更多责任的人总能成长得更快，而推卸责任的人往往一事无成。承担责任是一种给予，一种奉献，甚至可能是一种牺牲，但同时也是一种机会，一种能够得到或有形或无形回报的机会。如果我们为企业和社会创造了价值，那么我们就为自己创造了机会，因为企业和社会总是愿意把机会留给能够创造价值的人。勇于承担责任，具有责任意识的家政服务员也总能主动抓住自己的机会，创造更多新的价值。

"水本无华，相荡而成涟漪；石本无火，相击而发灵光。"在家政企业中，家政服务员要努力为自己搭建展示的平台，拓宽活动范围，营造交流的环境，用激情发言，用智慧沟通，用付出赢得精彩，使自己成为家政服务领域的佼佼者。

家政服务员要有敢于尝试、不怕失败、不怕丢人的闯劲。对服务工作不要说"我不敢""我不行""我不能""我不会"，而要说"我一定尽力""我一定努力完成"。如果我们第一次拒绝承担，就不可能有第二次的机会。机会永远不等人，因此一定要抓住每一次机会，并反思自己是否因为没有勇气去承担责任而失去了很多好的机会。

三、责任促进发展

（一）承担责任是一种职业习惯

勇于承担责任是一种非常重要的职业素质，也是一种优秀的职业习惯。家政企业的生存、发展与一线家政服务员承担责任的意识息息相关。发展得好的家政企业都有一个很重要的特点，就是企业中的家政服务员具有很强烈的责任心。正是这种责任心，促使企业和行业不断发展和壮大。而这种道德责任感，也是家政服务员成就个人事业的坚实基础和必要条件。

而与此恰恰相反的是另外一种人，表面上看来对工作非常负责，实际上所做的每一件事情都没有到位。这些人很少反思自己，不仅自己不上进，还影响别人的工作。这其实是一种典型的投机分子，他们没有真实的本领，做不出实在的业绩，是家政服务中最"靠不住的力量"。

有些家政服务员害怕承认错误，也不愿意承担责任，因为承认错误、承担责任往往会与接受惩罚相关联。但"躲得过初一，躲不过十五"，不敢承认错误和承担责任的人，会形成这种逃避与欺瞒的习惯，终有一天会因为类似的事情遭受惩罚。

当家政服务员进入家庭服务后，就有了需要承担的相应的责任。这时候需要将自己的心态调整好，尽快了解家庭中的各项规章制度，快速适应各种要求，不断提升自己的专业技能，努力工作，尽职尽责，承担起应负的责任。

一名负责任的家政服务员，往往会具备以下几个特点：

1. 在服务中保持高度的热情且愿意付出额外的努力

家政服务员要克服日复一日的服务工作带来的职业倦怠，发现工作中有意义、有价值的地方，保持对工作的热情，只有这样才能在家政服务行业有良好的发展。家政服务员在工作中要学会承担责任，甘于付出，即使是付出额外的时间和努力，也要保证自己的服务质量。

2. 自愿做一些本不属于自己职责范围内的工作

负责任的家政服务员，从不会把分内之事和分外之事分得那么清楚，即便服务对象安排的工作是分外之事，负责任的家政服务员也会主动承担起来。他们知道多承担一些工作意味着更多的历练和更多的机遇。

3. 愿意帮助别人也愿意与他人合作

一个人在工作中，如果只依靠自己的力量孤军奋战，是很难获得长足进步的。优秀的家政服务员视其他家政服务员为同舟共济的好伙伴，愿意与他们互相合作，而只有敢于承担责任的人，才能在合作中得到他人的信任和帮助，进而在与他人的互助合作中实现自我价值。

4. 遵守家政行业的规则和制度

家政行业是家政服务员生存和发展的平台，而制度和规范是行业运行的保障，有责任心的家政服务员通常也是严格遵守行业制度和规范的好员工。

5. 赞同支持维护家政行业的目标

家政行业其实具有很强的向心力，它吸引了众多家政服务员在这个行业努力奋斗，为市场提供了充沛的劳动力，满足了诸多服务对象的需求。具有责任心的家政服务员首先应热爱自己的行业，从事这一行业就必须具有行业主人翁意识，将个人发展和行业的发展结合在一起，将家政行业的发展目标作为个人努力和前进的方向。

将承担责任作为一种职业习惯并不是人的本能，它是个体从责任赋予者那里接受责任之后，内化于个人内心世界的一种心理状态，这种心理状态是个体履行责任的精神内驱力。简而言之，家政服务员承担责任的职业习惯是一种内化于心的状态，是一种自发的驱动力。优秀的家政服务员很少找借口减少服务，而是愿意努力工作甚至超时工作，力争达到更高的服务目标和要求。优秀的家政服务员愿意把承担责任作为自己的职业习惯，他们是家政行业发展的中流砥柱，是家政行业发展的原动力。

家政服务员需要努力培养自己的责任意识，将承担责任作为一种职业习惯和必备素质，这样才会在未来的职业发展中获得更好的进步、回报，以及尊重。

（二）培养责任意识

1. 培养责任意识的目标

家政服务员在社会中被赋予了不同的责任，对于不同的责任就有不同的责任意识。家政服务员只有培养自尊自信、自立自强的意识，才能对自己负责；只有尊重和接纳他人，才能对他人负责；只有树立主人翁意识，将个人与家政企业的发展结合起来，积极参与企业决策，努力工作，尽职尽责，才能对企业负责；只有认真做事，为雇主排忧解难，努力将服务工作做得尽善尽美，才能对雇主负责；只有努力为社会创造新的价值，爱护环境，节约资源，奉献社会，才能对社会负责。

2. 多加一些努力

想成为一名称职的家政服务员需要做好自己的本职工作，但是要想成为一名优秀的家政服务员，就需要在自己的工作中永不满足，不断要求自己做得更好。比如在具体的服务中，打扫卫生要更细致一些，照顾老人要更耐心一些，服务技巧要更精通一些，对待要求要抱怨更少一些，承担更多一些，借口再少一些，等等。此外，家政服务员还需要常常自我反思是否还有可以更加努力的空间，是否能将工作做得更出色，并以此来督促自己不断进步。

（三）勇于承担责任

当面对错误的时候，由于害怕承担相应的责任，经常会听到家政服务员这么说："我不清楚这是怎么回事。""是别人让我这么做的。""这都是他的主意。"承认错误与承担责任后可能会受到惩罚，但是不能因为害怕惩罚就逃避自己的责任。只有不负责任的人，在出现问题时才会把责任归于外界或他人，寻找各式各样的理由和借口来为自己开脱。所以当问题出现时，我们的第一反应不应该是指责别人的错误，推卸自己的责任，而是应该勇敢地承担责任，寻找解决问题的办法。

家政服务员在服务过程中出现问题是无法避免的，因为现实里没有人能将工作做到十全十美，但是在出现问题时，能勇于承担责任的家政服务员会得到服务对象和企业管理者更多的赏识，这样有担当的家政服务员是企业乃至行业真正的财富。

人非圣贤，孰能无过。人都可能失败和犯错，责任向来都是与机会携手而行的，不承担责任就不可能获得机会，责任越大机会就越多。因此在家政服务过程当中，家政服务员要做一个勇于承担责任的人，主动为自己设定工作目标，并不断改进工作方式和方法。犯了错误能够勇于承认的员工，会有勇气去承担过失，不逃避不推诿，从错误和失败中吸取教训，促进自我的成长和进步。总之，作为家政服务员，勇于承担责任是一种必备的职业素养。

案例：

多一些努力，多一些进步

毕业于海南大学旅游管理专业的符某，现在在北京当家庭教师。平时她需要住在服务对象家里，与孩子同吃、同住、同学习，除了负责3个孩子的教育，还需照顾他们的饮食起居。

2020年疫情期间，因为孩子们没有复课，她每天早上6点起床，6点半叫醒孩子们。早饭过后，便陪孩子一起上网课，或者给他们上课。晚上9点，她要给孩子们讲睡前故事，忙完已是晚上10点，这时才能结束一天的工作。

"刚进入一个家庭时，做好时间管理是一件特别难的事情。"每天晚上10点之后，符某便开始备课，刚开始时常备课到凌晨两三点，一天只能休息三四个小时。现在，她大概晚上12点就能完成这项工作。

为了更好地与孩子相处，她常常需要看很多书，参加各类培训。与孩子相处是家教生活中最重要的部分，同时，学会与孩子的家人相处也很重要。符某说，要适应一个家庭，大约需要7～15天。在双方适应彼此的节奏后，她再开始正式给孩子授课，用真诚去打动他们，融入他们。

"孩子总会把我当成家人，很幸运能成为一名家庭教师。"在她第一次工作的人家，除了日常陪伴和教育孩子，她经常会和孩子一起做游戏、做手工，偶尔也会带孩子去听一些有趣的讲座。父母不在家时，孩子就把她当成家长，有事都会来征求她的意见，她也把这个孩子当成自己的孩子。①

　　就这样，在不断的责任承担和积极进取中，符某逐渐成长为一名广受用户好评的高级家政服务员。

---

① 家政服务行业升级呼唤高素质"新人"［J］. 家庭服务，2020，（8）：41—43.

第五节　追求目标——服务

案例：

客户的事都是大事

汲师傅从事管道疏通工作，脏活、累活他抢着干，每天的想法就是把工作做好。那时候家政还不像今天一样被人们所熟知，工作也往往是疏通、维修、搬家等脏活、累活。但即便这样，他也从没叫过苦和累。哪里需要，哪里就能看到他的身影，他也由此练就了一身的本领，用自己的实际行动践行了"替您排忧、替您解难、替您受累"的精神。

为了使自己能成为这一行业的佼佼者，汲师傅总是最早到岗、最迟下班。在刚入行时，一遇到疑难问题，他总是及时向老员工请教，晚上会静下心来想想问题出在哪里，并反复琢磨，以解决疑难杂症。此外，他还常常利用业余时间去查阅相关资料。通过刻苦钻研，他攻克了一个又一个的难关。汲师傅将自己平时积累下来的各种经验与一些书本的知识相结合，总结出许多宝贵的心得，一一记录下来，毫无保留地与大家分享。汲师傅时刻以高标准、严要求来约束及提高自己，始终坚持以"客户满意"作为唯一的服务标准，以"不断满足客户的需求"作为服务的出发点，以"客户的事即使再小，也当成大事"的工作态度认真对待客户。

　　凭借专业的技术，汲师傅解决了许多管道疏通的疑难问题。工作20多年来，汲师傅发明和改进管道疏通小工具近20件，向客户提出管道改造的合理化建议不下百次。

　　因为喜欢，工作再脏再累也不在话下了。汲师傅热爱这个工作，努力从事这个工作，最终脱颖而出，成为一名在疏通维修领域难能可贵的专业人才。

　　平凡劳动者的成功之路，不一定要进名牌大学，追求高大上的职位。默默坚守、孜孜以求，在平凡岗位上追求职业技能的完美和极致，更是劳动者获得成功的一条康庄大道。

一、精益求精，注重细节

（一）精益求精

　　精益求精是指学术、技术、作品、产品等好了还求更好。它在家政服务行业的体现是强调家政服务员的服务能力、服务水平好了还求更好。

　　精益求精是敬业精神，也是人生态度，不同的人生态度会造就不同的人。

　　敬业是中华民族的传统美德。早在先秦时期，孔子就主张人在一生中要始终勤奋刻苦，为所做之事尽心尽力。三国时代的诸葛亮，也以其"鞠躬尽瘁，死而后已"的敬业精神流芳百世。

　　古人记载了很多有关精益求精的案例，例如《庄子》中就记载了一个庖丁解牛的故事：厨师给梁惠王宰牛，他的手所触到的地方，肩所靠着的地方，脚所踩着的地方，膝盖所顶着的地方都发出筋骨分离的声音，每进一刀发出的声音没有不合乎音律的。梁惠王问厨师宰牛的技术怎么会高超到这种程度？厨师回答说他凭精神和牛接触，而不用眼睛去看。他依照牛体本来的构造，用很薄的刀刃插入有缝隙的骨节。经过长时间的摸索，他的刀刃还像从磨刀石上磨出来一样锋利。厨师说每当碰到筋骨交错很难下刀的地方，他就小心翼翼地提高注意力，视力集中到一点，动作缓慢下来，动起刀来非常轻，哗啦一声，牛的骨和肉就一下子解开了。庖丁解牛的故事就说明了做任何事只要做到心到、神到、精益求精，就能达到登峰造极、出神入化的境界。

精益求精是现代职场所倡导的一种精神，其核心是不能仅仅把工作当成赚钱的手段，而更要树立一种对所做的事情和所生产的产品精益求精、精雕细琢的精神。

精益求精是注重细节的精神，细节决定成败。正如有一位著名企业家所认为的：把每一个简单的事情做好就是不简单，把每一件平凡的事情做好就是不平凡。这既是积少成多的道理，也是精益求精的精神。再宏大的目标也需要从小处着手。注重细节，一丝不苟，就是精益求精的体现。

为什么要培养精益求精的好习惯呢？原因有以下两个方面：

1. 精益求精，孕育突破。人类历史上的任何一次突破都不是轻易获得的，更不是凭空臆想的产物，每一次突破都是人们精益求精，经历了无数次失败和实践得来的。同理，家政服务员如果能有精益求精的习惯，做事就更有可能获得突破。

2. 敷衍懒散，让人庸庸碌碌。与精益求精相反，敷衍懒散的做事习惯，会使人行事出错，难以获得成就。服务不精益求精，学而不得要领；技术不精益求精，服务就会低劣；生活不精益求精，形象就会邋遢。从小处讲，敷衍懒散使人庸碌无为，葬送前程；从大处说，敷衍懒散会使民族精神落后，难以国强民富。

如何才能培养精益求精的好习惯呢？可以从以下几个方面来努力：

1. 要做五心人。五心即细心、耐心、恒心、专心、虚心。细心可以使人发现细节，细节决定成败；耐心可以使人克服浮躁的情绪，做事有条不紊；恒心可以使人坚持不懈，不达目的誓不罢休；专心可以使人一心一意，心无旁骛地进行工作；虚心可以使人时刻反省自己，并在必要时从外界获得帮助，从而更好地完成工作。

2. 从身边的小事做起。事情无论大小巨细，做的时候都要尽心尽力、力求完善、精益求精。家政服务员在服务过程当中要多给自己提问题，开动脑筋去思考，争取自己得出解决问题的合理答案。家政服务员要时刻约束和提醒自己，在服务对象面前要脚踏实地地工作，而不要总想着表现自己，要忠于职守，勤勉认真，在工作中提升专业技能。

（二）细节决定成败

在被我们不屑一顾的细节中，往往隐藏着幸运、成功的因子。做好了细节就等于抢占了先机，将每一个细节都做到完美，便是通往成功幸福的捷径。

"一着不慎，满盘皆输。"无视生命棋盘中的小失误，常会以付出大代价而告终。

"天下难事必作于易，天下大事必作于细。"只要你能做好每一件简单的小事，你就不简单，只要你能做好每一件平凡的小事，你就不平凡。

在日常生活中，想做大事的人很多，但愿意把小事做好的人很少。其实这个世界上并不缺少在键盘上指点江山的"战略家"，这个世界缺少的是精益求精的实干家。

"一屋不扫，何以扫天下。"小事成就大事，细节造就完美，小小的房间都不会打扫，谈何去"打扫"天下啊！智慧的人善于以小见大，从平淡无奇的琐事中参悟深邃的哲理。有所成就的人往往比普通人更注重细节。当一个人日夜拾取碎石，最终构筑起宏伟的城堡后，他会在城堡顶端远眺美景时忆念起碎石的重要。

小事不能小看，细节方显魅力。航天飞机上哪怕是小小一颗螺丝钉出现了问题，都会造成无法估量的损失。用认真的态度做好服务中的每一件小事，人们才能在家政服务这个平凡的岗位上创造出最大的价值。

细节是成功的基石。米开朗琪罗曾说："在艺术的境界里，细节就是上帝。"李斯在《谏逐客书》中也说过："泰山不让土壤，故能成其大；河海不择细流，故能就其深。"如果家政服务员能避免心浮气躁，注重细节，把服务中的小事做细做好，那么他们的工作、生活就一定会更上一层楼。

细节造就完美，世上不可能有真正的完美，但每一个人都应有追求完美的心态，并使其成为生活习惯。生活中无论做什么事情，细节万万不可忽视，因为细节决定成败，细微之处见精神，注重细节一定会给你带来巨大的收益。

家政服务员也同样需要注重细节。家政服务员在服务对象家中很难有什么惊天动地的大事去做，他们通常所做的都是琐碎的小事，但是如果对自己的要求不高，不注重细节，就会影响服务质量，进而破坏服务对象对家政服务员的整体印象和评价。家政服务中有很多小细节，一旦家政服务员做好了，服务对象的服务体验就会大不一样。比如服务对象家里有刚学会走路的儿童，家政服务员就需要提醒服务对象把家具的尖角包好，防止磕到孩子；水瓶要放到孩子碰不到的高度；刚做好的热菜热汤也要放好，防止孩子碰到；给孩子吃药前一定要看好药品的名称和用量，防止错误用药；不要在孩子旁边剪指甲；为孩子洗澡时必须确认水温适当；等等。

案例：

注重细节，才能胜利

鲍阿姨是一名金牌月嫂，从业十多年来，她已经照顾过上百名新生儿，为上百个家庭带去了科学的育儿指导。因为能够游刃有余地处理新生儿和产妇的各种问题，她受到了客户的一致好评，成为了誉满本地的金牌月嫂。

鲍阿姨为人淳朴善良，对待产妇就像对待自己的亲人一样。有一次，她的一个客户产后高烧，被确诊为感染性体热，必须24小时监护。在治疗过程中，产妇体内的恶露渐渐排出，难闻的臭味弥漫整个房间。医生、护士都捂着口鼻来去匆匆，产妇很难为情，一遍遍对鲍阿姨说着抱歉的话。但是，鲍阿姨毫不介意，一边安慰产妇，一边清除恶露。产妇排出的恶露腥臭无比，产妇的亲人对此都直皱眉头，鲍阿姨却丝毫没有停下手中的镊子和脱脂棉，有了就擦，有了就处理。就这样几天下来，产妇的烧退了，各项指标也恢复了正常。鲍阿姨服务期满离开时，产妇哭着说："鲍姐，你对我太好了，你要是走了谁管我？谁能像你这样照顾我？"鲍阿姨说："对你好，是因为咱们是一家人啊！"正是这样的真诚和细心，让鲍阿姨在月嫂行业树立了良好的口碑和个人品牌。

二、增强服务软实力

（一）同理心

同理心是一种设身处地地对他人情绪和情感的认知性的觉知、把握与理解。有同理心的人能够站在他人的角度，从他人的思维出发来考虑问题。而缺乏同理心的人则常常不能接受别人的观点，却一定要求别人接受他们的观点。对这样的人，人们自然就会敬而远之，所以缺乏同理心的人一般很少有朋友。

某著名心理学家曾指出："拥有同理心可以让我们进入到对方的内心世界，用不带任何评价的心态去了解和掌握对方的体验，敏锐地觉察对方的感受。"对于家政服务员来说，在日常服务中也需要具备同理心，因为它可以让我们更好地揣摩服务对象的心理情绪和感受，从而可以合理地运用沟通技巧，组织沟通语言，说出让服务对象爱听、愿听的话语，使沟通的效果变得更加理想。

同理心分为初级同理心和高级同理心，初级同理心的反应是指个体能够理智地理解他人的行为，在与他人接触中不排斥他人的观点，也不强迫他人接受自己的观点。高级同理心则是指个体不仅可以站在他人的角度来考虑问题，还能感受这个事件给他人带来的内心体验，使自己进入到对方的内心世界。高级同理心所表达的是一种理解、接纳、平等、关爱和尊重。

家政服务员要学会使用同理心来与服务对象进行沟通，使用同理心去处理双方沟通中产生的误解与矛盾。在日常的家庭服务中，家政服务员在与服务对象沟通时难免会产生矛盾和分歧，这时如果锱铢必较、争执不休，就会让双方的矛盾激化，不仅会让沟通陷入僵局，还会引起服务对象的不满甚至厌烦。此时家政服务员就可以试着用同理心去思考一下服务对象产生这种行为的原因。如果家政服务员能够用同理心进行思考，往往就会发现问题并不如原先想象的那样严重，这样就更能在言语中表现出大度与宽容，而这种态度也能让对方感受到善意，那么所谓的矛盾往往也就会得到合理的解决。

家政服务员要能用同理心去更好地理解服务对象。每一位服务对象都有自己的人生观和价值观，他们看待问题的方法和角度可能会有所不同，因此家政服务员要学会用同理心去理解服务对象，不必强求一致，也不要试图改变服务对象，而是要试着用他人的思维去思考同一个问题，或许就能看到不同的方面，这样就能真正地理解服务对象了。不过家政服务员在用同理心思考问题的时候，一定要避免主观臆断，不能完全用自己的想象去揣测对方的情况，这样的假想是不具有客观性的。家政服务员在用同理心沟通前应尽量多了解对方的信息，了解对方所处的真实环境和心态，这样就更容易理解对方的想法。

在沟通中，家政服务员还需要经常用同理心来进行自我评价，感受一下自己在别人眼中是一个什么样的形象。有时候人们自以为在沟通上表现得很到位，可是在别人看来却未必如此。比如家政服务员在与服务对象沟通时，有时会自己滔滔不绝地讲话，这时如果运用同理心去感受一下，可能就会注意到服务对象已经流露出不耐烦、生气等情绪，那家政服务员就应当适时闭嘴，把发言的机会让给对方，有必要的话还应向服务对象礼貌地道歉，赢得服务对象的谅解，这样才能使沟通变得更加顺利。这样的同理心可以帮助家政服务员发现一些被自己忽视的缺点和不足，使自己能够不断地提升和完善自己的沟通艺术，也可以赢得服务对象的好感。

需要注意的是，在沟通中引入同理心是为了更好地理解对方，而不是完全迁就对方的意愿。事实上，如果服务对象的做法、想法有不妥当的地方，家政服务员也应该委婉地指出，而不能无原则地让步和妥协，那样只会让双方沟通的效果越来越差。

案例：

不是亲人，胜似亲人

肖姐在北京做了 14 年保姆并曾获奖，这是因为她从不"挑活儿、挑客户"，一旦上岗，平均每次都能干一两年。"这在家政行业非常罕见。"

肖姐还常把"对不起，我错了"挂在嘴边。每当服务对象对她提出批评甚至挑剔时，她总是"忍"。而面对那些特殊客户，譬如老人或病人时，她的态度则变成了"爱"。这些都与她具备同理心息息相关。

曾有一位瘫痪老人在肖姐的陪护下走完生命的最后一程。她侍奉起这位老人如同侍奉自己的母亲一样。一年半后，当老人弥留之际，她倚在肖姐怀中，除了她谁也不睬。"妈妈，妈妈。"肖姐不停地呼唤着，老人说不出话，泪汪汪地凝望着她，直至闭上双眼。"谁家都有老人，照顾时间一长自然有感情，我就把她当成自己的母亲。"她亲手为老人换上寿衣，守满7日孝才离开这家人。

当然，她也曾因"太重感情"而被服务对象辞退。在某服务对象家，因小女孩与她过于亲密，引起其母亲的不快，这位"吃醋"的妈妈随便找了个理由便把肖姐打发走了。有一次，她忍不住偷偷跑去看孩子，小女孩远远看见她，哭着就向她跑了过来。于是，服务对象发出"最后通牒"：不许她再接近孩子半步。在肖姐看来，她非常能理解这位家长的行为，如果自己的孩子和外人亲，作为母亲来说的确会心里不舒服，但是小女孩的依恋，是对她最好的肯定，再高的工资也比不上。

（二）积极沟通

积极的沟通是人与人之间相互传递信息的过程，是人们运用语言或非语言的符号交换意见、传达思想、表达感情和需要。

沟通是人的基本需要，离开了沟通，人与人就很难相处。沟通与服务也有着密切的联系，沟通是服务的主要方法和途径，家政服务的过程也是服务对象和家政服务员不断沟通的过程，离开了沟通，家政服务员就不可能进行有效服务。

在日常服务中，沟通主要分为信息的沟通、情感的沟通和心理的沟通。尤其在家庭这个特殊领域中，这三种沟通是交织在一起的，服务对象与家政服务员进行沟通，不仅是为了传递信息，更是为了疏通心理和加强情感联系。

很多家政服务员之前觉得家政服务是伺候人的工作，因此在进入家政行业初期会很自卑，入户后在服务对象家中不敢与服务对象随意交谈，进而会由于沟通不畅而造成很多误会。

在家政服务中，首先要进行服务对象与家政服务员之间信息的沟通。很多家政服务员在没有入户之前对服务对象家并不了解。对于家政服务员来讲，入户后第一步要做的就是尽快了解服务对象家中的基本情况，例如说照料老人时要了解老人的脾气性格，照料产妇时要了解产妇的身体状况，更重要的是不要总强调自己的生活习惯。其次，家政服务员和服务对象间要进行有效的沟通，要了解服务对象想要什么，喜欢什么，讨厌什么，存在哪些问题，有哪些困难等。

事实上，家政服务中的很多误会都是由于缺乏沟通而造成的。比如有时服务对象认为卫生打扫得不彻底，桌子没有擦干净，碗才洗了一遍等，但从家政服务员的角度来看，他已经觉得很干净了。也就是说，并不是家政服务员主观上不讲卫生，而是双方所认可的卫生标准不一样。为避免出现这种情况，服务对象需要给家政服务员一个明确的工作标准，帮助其达到自己的要求。

平时，服务对象也要注意把家政服务员当成自家人，关心他们的生活，让他们感受到家的温暖。家政服务员可以通过沟通达成服务的目标，做出令服务对象认同的决策，消除与服务对象思想上的隔阂，加强双方情感上的联系。

家政服务员在和服务对象进行沟通时要敞开心扉，要相互理解、相互信任，这是建立和谐家政服务关系的基础。家政服务员应适时向服务对象吐露自己工作时的困惑、烦恼、苦闷，合理合情地展示自己的喜怒哀乐。家政服务员公开自己的观点看法有助于增进服务对象对其的理解和信任。家政服务员也可以选择一个合适的话题，与服务对象建立起沟通的桥梁，例如，可以介绍家乡的风土人情、礼俗风尚、奇闻趣事等。

总之，家政服务员入户后一定要破除自卑、怕羞、胆怯、多疑等心理，大胆同服务对象接近，寻找双方在兴趣、性格、为人等方面的共同点，并不断发展扩大这些共同点。如果家政服务员总是默然无语、消极应付，有意无意地躲避与服务对象的交流，服务对象易在心理上、感情上与家政服务员产生距离感，进而给发展双方良好的关系带来障碍。

案例：

沟通的力量

杨大姐是养老院的一名老年护理员。在老年护理服务中，她特别注重细节，在帮助老人上下轮椅、出入电梯时，服务细致入微，得到了老人们的一致好评。但更让老人们喜欢的是杨大姐的沟通能力很强。"老年人嘛，脾气急躁，或者老糊涂，都是很正常的事情。他们住在养老院里，主要是由于儿女没有时间陪伴，现在年轻人那么忙，我们就帮他们照顾好老人，也让他们能够放心。偶尔听到一句'你辛苦了'，心里就很感动了。"

如果把为老人服务仅仅看作是完成一项任务的话，服务就会显得太生硬而不利于达到护理效果，因此在日常为老人服务中，杨大姐不是只顾埋头自己的工作，而是还经常使用技巧和老人沟通。"养老工作每天都做着很琐碎、很平凡的事，但又和老人息息相关，良好的沟通需要渗透到老人生活的一点一滴之中。用自己的服务和沟通为老人打造一个安宁、舒适的晚年生活。"杨大姐对自己的职业非常满意。

三、服务成就自己

（一）学习使人进步

一些人认为家政服务行业是一个劳动密集型的行业，没有什么技术含量，这种观念存在着巨大的错误。家政服务相关的领域都是知识迅速更新的领域。比如家庭育儿理念，家庭早教理念，新型家用电器使用，儿童和老人辅食制作，被照顾者所需新型设备使用，以及各种服务技能，家庭营养等方面的知识，都是与时俱进的，并且更新的速度非常快。

家政服务行业知识的迅速更新，使得行业对家政服务员的要求也是越来越高。家政服务员一定要养成不断学习和归纳总结的习惯，不断更新自己的知识储备，"一招鲜，吃遍天下"的时代已经过去，不学习不进步，一定会被时代淘汰。家政服务员学习的对象和渠道也不仅限于书本和老师，家人、孩子、同行、服务对象甚至其他领域的优秀从业者都可以是学习的对象，只要对方身上有可取之处，家政服务员就应该向他们学习，从而不断提升和完善自己，在职业道路上越走越顺畅。

案例：
学习带来成功

对于月嫂田田来说，学习是她解决一切问题的法宝。面对职业道路上的一切困难和挑战，她都用学习和提升自己来应对。

初入这个行业时，她经历了一段很困难的时间，始终接不到单，焦虑、自我怀疑、经济压力交织，她几乎要放弃，但最终她用学习帮助自己突破了这一关。她找了很多相关的书籍来看；每当公司有月嫂下户回来，她就抓住人家问，想方设法去交流，挖掘经验；有客户来面试其他学员，她会坐在一边默默观察和学习，分析面试成功的学员为什么会成功，思考下次自己面试时要怎么做。

功夫不负有心人，经过漫长的 3 个月的等待，她迎来了自己第一位服务对象，而且续了两次单，她 3 个月以后才下户。之后她并没有着急继续上户，而是一头扎进公司的催乳教室、营养教室开启了疯狂的知识补充模式。对她来说，学习就是最好的放松。此后的职业生涯里，田田始终保持着这样的节奏，上户工作，下户学习，所有的空余时间都被她用学习填满。从业 10 年她带过 60 个宝宝，其中包括早产儿、试管婴儿等相对难护理的宝宝，她都用自己过硬的知识和技术把服务做得很好。

学习使她充满了自信，也让她在职业道路上走得更加稳当。

（二）创新成就卓越

创新的关键在于突破常规思维界限的创新思维，在于以超常规甚至反常规的方法和视角去思考问题。对于具有创新思维的人来说，没有不可能完成的任务，只有怎样去完成那些看似不可能的任务。

对家政服务员来说，具有创新思维意味着至少要具备以下四个方面的能力：

1. 将学到的知识与服务对象家的实际情况相结合的能力

家政服务员在日常服务中需要具备创新意识，其中最重要的就是需要将自己掌握的技巧与实际服务相结合，见机行事，这是提高服务质量的重要环节之一。

现实生活中有许多这样的案例，比如，有的南方人不太吃面食，家里没有擀面杖，那服务对象如果想吃饺子是不是就做不了？又如婴儿洗澡后需要进行抚摸，可是宝宝困了，是不是还一定要坚持做抚摸？再如到了服务对象家要进行自我介绍，可是这次去的这家服务对象大大咧咧，他看了身份证和健康证觉得可以了，家政服务员是不是可以跳过自我介绍？

其实在日常生活中有很多这样的问题，实际的情况更是千差万别，这就要求家政服务员在服务中一定要随机应变，懂得灵活变通。其实，变通也是一种创新能力。

2. 服务内容与形式花样翻新的能力

家政服务员在服务中要注意服务内容的翻新，例如在饮食和打扫上，果盘不要天天摆成一个样子，饺子馅不要总是那几种，要时不时地换几样新鲜的菜，给服务对象一些惊喜。这些小花样、小设计都是调节情绪、体现用心、增进情感的催化剂。

3. 知识、技术、观念不断更新的能力

在家政服务领域，技术和信息更新特别快，如智能化的打扫工具，新的育儿理念和方式，新的母婴产品等层出不穷，家政服务员一定要养成不断获取新知识的习惯，保证自己的知识储备与时俱进，才能适应家政服务市场的要求。

4. 深刻了解和洞察服务对象想法的能力

很多家政服务员都有这样的经历：小朋友不好好吃米饭，但是把米饭做成了兔子形状的饭团，再贴上眼睛和嘴巴，小朋友就开心地吃了。小朋友在乎的不是米饭好不好吃，而是是否足够有趣。所以要发现创新的机会并进行有针对性的创新，还必须充分了解和洞察服务对象的想法，这就需要家政服务员平时多思考、多观察。

案例：

创新服务，成就事业

A公司一直专注母婴市场，但随着同业竞争的加剧，发展越来越受限制。

2017年，A公司开始紧跟"互联网＋"的大趋势，结合人们对美好生活的向往和需要，大胆探索除母婴外的其他家庭服务需求。经过市场调研，公司成立了以"高端居家保洁＋家电清洁与保养"等套餐式订制化服务为主的品牌"小××"。经过不断探索与完善，目前"小××"已初步建成家政派工管理软件、微信公众号和小程序，实现全程软件管理，线上下单，线下服务。"小××"的品牌理念旨在将家庭服务产品化、套餐化、私人订制化，家庭服务员职业化、技能多样化、薪酬等级化，供需对接和服务考核智能化、即时化，各项目劳动力资源可共享互补，达到利用效率最大化。

"小××"新颖的商业模式，良好的服务口碑，触手可及的居民需求被一些社区看中并引进，为社区"十分钟"服务圈做配套服务。仅在短短2个多月的时间里，"小××"就服务了50多家社区客户，而且在社区的组织下多次为周边的独居老人提供家庭保洁服务等公益服务。至此，"小××"开始与社区网格化管理相融合，开启了家庭服务与社区居民服务相融合的探索之路，以及"以电商模式提供便捷的线上下单平台，各社区布点提供放心的就近线下服务"的新型家庭服务模式。

第三章 家政服务员职业道德的培养

第一节　家政服务员职业道德认知及培养

一、家政服务员职业道德认知

（一）从认知层面来谈职业道德

就过程而言，道德认知指的是由于当前道德的刺激作用，主体通过再认识已有的道德知识和道德范例，形成道德新知的过程。此外，它既是一个从道德刺激到道德新知的形成过程，又是一种形成道德新知的手段，它的过程与手段是统一的，都是为了主体的道德意识增加新的内容，提升新的高度，注入新的血液服务。也就是说，职业道德认知就是职业人员通过对职业道德规范及其执行意义进行的认知，形成一定的道德观念和原则，并运用这些职业道德观念和原则来判断是非善恶，调控自己与他人、社会的关系。

道德认知是道德主体对个人与他人、个人与社会的关系以及调节这些关系的社会道德原则和规范的深刻认识和理解。道德认知促使人们在心中形成善恶、荣辱、是非、正邪等道德观念和平等、权利、义务、关怀等道德准则，是家政服务员进行道德判断，实施道德行为的基础，也是家政服务员实现道德内化的关键。

家政服务员的道德认知并不是家政服务员从事家政服务工作后自然而然就拥有的，而是必须通过家政服务员自身的修养和外界的帮助才能形成的。所以说，家政服务员的职业道德认知是一个家政服务员自我学习和获得道德新知的过程，也是一种内化的过程。而这个过程一般又包括道德概念的掌握、道德判断的运用、道德信念的确立三个步骤。

道德概念是对道德现象本质特征的概括反映，它是个体在一定的道德情景中，在已有的道德表现的基础上，通过对有关道德知识的学习形成的。家政服务员按照社会道德准则采取行动时必须对这些道德准则有所认识，并形成相应的道德概念，道德概念的掌握对道德认知的形成有着十分重要的作用。家政服务员只有掌握了道德概念，才能摆脱某些情况下行为规范的机械束缚，在更广泛的范围内调节和支配自己的行动，使之符合社会以及服务对象的要求。

道德判断是家政服务员根据社会的、自己的道德价值观念，对自己和他人的行为作出是非善恶的判断和评价的行为，它也是道德主体运用已有的道德概念进行道德推理并作出道德判断的思维过程。家政服务员只有不断地培养、训练自身的道德判断和选择能力，才能为自己提供正确的行为模式和道德行为典范，分析、判断不良的服务行为；才能使自己在服务中做到明是非、识真伪、分善恶、知对错，从而形成良好的职业道德认知的基础。

道德信念是家政服务员对自己所信奉的道德准则和道德观念的确信，它是个体道德活动的理性基础。当个体把外界道德要求转化为个人行为准则且坚信其正确性时，会引起相应的情绪体验，这就表明了道德认知已转化为道德信念，道德信念的确立会使家政服务员的道德行为表现出坚定性和一贯性，从而形成道德品质中的关键因素。家政服务员道德信念的发展确立，一般经历了无道德信念的阶段、道德信念的萌芽阶段、道德信念的确立阶段等几个阶段。只有形成了道德信念，才能把道德知识和道德行为统一起来，才能使家政服务员成为真正意义上的有道德之人。

案例：

优质月嫂难寻找

近年来，随着人们生活水平提高，社会对月嫂的需求也大大增加，但是，家政人员素质良莠不齐、价格高、流动性大等也都是家政服务行业的"老大难"问题。特别是优质月嫂，那更是有着需求和供给的巨大缺口。

苏州的王阿姨对此就深有体会，她说："金牌月嫂现在是有钱也找不到，要提前好几个月甚至大半年预定。我儿媳妇一怀孕我就开始订月嫂，还是订不到金牌月嫂。每逢节假日，家里忙不过来，一般的钟点工都不好订到。"

"就算找到了月嫂，也经常不称心，想找一个技能多的，有证书的，价格也水涨船高。"谈及找保姆的过程，王阿姨很是无奈，"现在终于找到一个不仅有育婴证，还有营养师资格证的，当然价格也不便宜了。"

尽管工资水平一直在上涨，但家政从业人员整体素质水平并没有得到显著提升。甚至由于高端保姆或者会外语的家政人员开始走俏，还因此催生了不少外籍保姆市场的"黑中介"。近日，有关机构曝光了一些令人担忧的情况，例如一些劳务中介将非法滞留在我国的外籍保姆介绍给有需求的家庭，从中收取高额中介费，而这些往往需要花费高价才能请到的高端外籍保姆却是"黑工"等。

（二）影响家政服务员道德认知水平的主要因素

影响道德认知水平的主要因素，主要是针对个体认知水平而言的。影响家政服务员职业道德认知水平的因素包括两大类：一类是环境因素，另外一类是个体因素。

1. 环境因素

环境因素是指个体自身以外，影响个体的道德认知水平的因素。其中社会因素对个体的道德认知水平的影响是很明显的。

在道德认知发展过程当中，个体会受到社会风气的影响，比如家政服务员的道德认知很容易受好的社会风气影响，也很容易受坏的社会风气影响。在同一时间背景下，不同的地区由于地域文化习俗的差异和经济社会发展程度的不同，家政服务员的道德认知水平也呈现出良莠不齐的状况，良好的社会环境无疑对道德认知水平的提高有着积极的作用。在由计划经济向市场经济转变的过程中，西方思想观念和文化对我国旧有的文化体系带来了不小的挑战和冲击，功利主义、实用主义道德观念扰乱了家政服务市场，使家政服务员对道德标准的判断陷入了困惑和怀疑之中。在市场经济条件下，个人的利益被肯定，这一方面大大增强了人们的积极性和主动性，调动了人们的主观能动性，另一方面也在客观上导致了一些人利己主义、功利主义和实用主义价值观的出现。在市场经济条件下，人们的价值取向中容易出现重物质轻精神、重实惠轻道义的变化，这种变化不可避免地影响着家政服务员的职业道德认知。家政服务员是生活在时代背景下的普通劳动者，市场经济对经济价值的追求，导致一些家政服务员受到拜金主义价值取向的影响，进而使他们的人生观、价值观出现偏差。这都需要人们对此提高警惕，并加以克服。

2. 个体因素

一般来说，对道德认知起最终决定性作用的还是个体因素。个体因素是指个体自身存在的，影响道德个体的道德认知水平的因素。个体因素是复杂多样的。就家政服务员而言，影响他们职业道德认知的因素主要包括道德需要、自觉意识、人格品质等。

道德需要是生产力发展到一定阶段后，为维护社会稳定，维持社会中的各种道德力量之间的平衡而衍生出来的一种社会需要。道德需要是人的高层次需要，是人们基于对道德所具有的满足自我与社会的价值、意义的认识和把握而产生的遵守一定的道德原则和规范，做一个遵守道德的人的一种心理倾向。

自觉意识也是影响个体认知的重要因素。家政服务员在道德认知形成与发展过程中，如果自觉意识比较强，那他便会对自己形成的道德认知进行自觉的反思，同时还会对自己的道德情感、道德行为进行自我评价，促进道德认知的进一步发展。

人格是人的性格、气质、能力等特征的总和。个体人格品质的不同，直接影响着其在社会中的表现。良性的人格品质包括宽容、诚实、谦逊、正直等，不良人格品质则包括自卑、抑郁、孤僻、冷漠、暴躁、冲动等，家政服务员作为普通个人，也都拥有不同的人格品质，这些人格品质会对家政服务员的职业道德认知产生重要影响。

二、家政服务员职业道德认知培养

道德认知能力是家政服务员接受道德知识、践行道德要求、逐渐形成个性道德品质的前提，是道德人格形成的起点。因此形成正确的、科学的道德认知，对于家政服务员的发展来说非常重要。

(一) 加强职业道德学习，增强意识

人们从事改造客观世界的活动需要知识，这就必须要学习。同样，人们改造主观世界，提高自己的道德水平，也需要学习。加强职业道德学习是家政服务员提高职业道德修养的必要条件，也是其提升自身职业道德认知水平的不二法门。职业道德是提升家政服务员职业道德修养的指导思想，家政服务员只有拥有了良好的职业道德修养才能辨别是非善恶，才能在自己的思想领域里战胜那些错误落后的道德观念。

一个人只有以道德先进典型作为自己思想行为的楷模，鼓励自己，在思想意识中凝聚职业道德原则和规范，常以崇高的道德品质作为自己行为的目标，才能使自己的前进不迷失方向，才能成为一名合格的家政服务员。

在这个过程中首先要树立正确的价值观。价值观是人们在处理具有普遍性价值的问题时所持的立场观点和态度的总和。作为人的有意识的选择和追求，价值观有正确与错误、先进与落后、自觉与盲目、真实与虚幻的差别。不同的价值观会导致人们对客观事物的认识和态度不同，不同的价值观在认识世界、改造世界的活动中的指向不同，正确的价值观对人们的生活起促进作用，错误的价值观则起阻碍作用。

家政服务员一定要认真学习职业道德，树立正确的价值观，不学习就不能科学、全面、深刻地认识社会，不能正确地认识人与人之间的关系，因而也就不可能形成正确的、科学的价值观。

从根本上说，一个家政服务员的觉悟正是以正确的价值观为指导而形成的。家政服务员只有树立科学的价值观，才能发挥职业道德正确的导向作用，才能不受外界的干扰与影响，特别是不受功利主义的影响。家政服务员只有少用"有没有用""有没有利"来对工作进行评判，才能正确处理涉及职业道德的问题，站稳立场，以正确的态度来处理家政服务工作。

家政服务员在职业道德的学习中应深刻理解服务过程中的规范和要求，明辨道德是非，提高遵守道德规范和要求的自觉性。家政服务员服务过程中的道德规范和要求是社会道德在家政服务领域中的具体体现，凝聚了古今中外的优良道德传统，正确地回答了家政服务员与他人、集体、服务对象，乃至与社会之间的利益关系。家政服务过程中的道德规范和要求具体地向家政服务员表明了应该做什么，不应该做什么，什么是善的，什么是恶的，以保证服务对象的根本利益。将道德要求转化为家政服务员的内心信念，需要家政服务员有一个自觉学习和接受职业道德的过程。因而，家政服务员学习和掌握职业道德的基本知识是非常重要的。

家政服务员只有不断学习家政服务知识，提高服务技能，才能更好地完成家庭服务的职责。通过学习知识与技能，家政服务员才能进一步明确自己在服务过程中的主导地位，明确自己对服务过程所起到的重要作用。这样才能促使家政服务员进一步严格要求自己，加强职业道德修养。家政服务员还应努力提高自己的文化素养，广泛地学习自然科学和社会科学的知识，不断地提高自己的技能和服务技巧，并在服务过程当中认识自己的任务，认识社会，认识人生。总之，家政服务员只有不断地提升职业道德认知水平，增强自律意识，提高慎独品质，才能在任何情况下都自尊、自爱、自重、自觉、自律。家政服务员只有按照职业道德的标准，严格要求自己，把握自己，才能形成完善的人格和崇高的品质。

（二）在实践中深化职业道德

家政服务是家政服务员正确的职业道德观念的认识来源，只有在家政服务的实践中，家政服务员才能正确认识服务中的各种利益和道德关系，才能正确认识家政服务员的职业使命，树立良好的职业形象。

家政服务员获得较高层次的职业道德认知后，只有通过躬身实践坚持去做，把通过各种途径获得的职业道德的认知用于指导自己的实践活动，获得独特的内心体验，才能够更深入地理解职业道德。

实践是检验真理的唯一标准，服务就是检验家政服务员职业道德认知的最佳方式。家政服务员在服务过程当中要反思自我价值观念、服务观念、待人接物的方式方法。只有在服务中获得这种独特的内心体验，深入理解家政服务员职业道德，家政服务员才会知道应该坚持什么和放弃什么，从而形成较高的职业道德品质。

三、良好思维能力的培养

良好的思维能力是形成家政服务员职业道德认知的基础，思维能力的发展必然引起职业道德认知水平的提高。思维能力一般由分析、综合、比较、概括等几个方面的能力所构成，这些能力相互联系，共同运作，进而促成完整的思维活动过程。

培养良好的思维能力首先要学会分析事物的方法。这一方法需要把认知对象分解为多个部分，从中认识事物的本质。运用分析的方法，虽然能够把握事物的本质特征，但无法把握事物的整体，这时就需要综合法的介入。

所谓综合法就是利用思维把认知对象的各个部分联合成一个整体，使事物的本质体现在各个部分中的方法。分析基础上的综合，可以使认知对象在思维中具体再现，这样就能对事物或人的行为达到完整具体的认识。

比较是通过将当前事件/事物与历史先例或类似事件/事物进行对比来了解当前事件/事物。有比较才能有借鉴，才能辨别真假与善恶，不至于被虚假的形式所迷惑。

道德认知应该是家政服务员在对认知对象做详尽的分析、综合和比较后进行的判断，如果没有分析、综合、比较、借鉴，就无法辨别正确的职业道德相关知识，也就无法形成正确的家政服务员的道德观念。培养良好的思维能力，还必须培养积极的情绪和坚强的意志。积极的情绪和坚强的意志，能够促进良性思维活动进行，有利于道德认知的形成和发展；消极的情绪和脆弱的意志则有碍于思维活动进行，对形成正确的道德认知起反作用。

第二节 家政服务员职业道德情感及培养

一、家政服务员职业道德情感

（一）从情感层面来谈职业道德

职业道德是从事一定职业的人们通过特定的职业活动所凝结成的具有自身职业特征，比较稳定，能够影响和指导自身职业实践的价值观念、道德准则和行为规范的总和。情感是人们对于客观事物的态度、体验及其相应的行为反应。道德情感是人类在社会生活中所特有的一种情感，是人们在道德认知的基础上，对现实道德关系和道德行为是否符合一定的道德标准进行评判而产生的一种情感，是人对客观世界的刺激产生的肯定或否定的心理反应。

道德情感是道德意识的内容之一，是人们基于一定的道德认识，从而对现实生活中的道德关系和道德行为所产生的倾慕或鄙弃、爱好或憎恶的内心体验和情绪态度。

道德情感同理智感、美感等一样，同属人的高级情感。道德情感是形成相应道德品质的基础环节，其与道德认知、道德意志、道德信念、道德行为习惯一起，是构成道德品质的重要组成部分。只有当道德认知和道德情感融合在一起，并形成坚定的道德意志和信念，才能实现道德认知向道德行为的转换，达到知行合一。

职业道德情感是建立在职业道德认知基础上，为检验道德关系和道德行为是否符合一定的道德标准而产生的一种情感。家政服务员的职业道德情感，是在处理相互关系，评价某种行为时产生的一种内心体验，是一种超越道德义务的积极情感表现，它主要包括责任感、良心感、荣誉感、幸福感等内容。

责任感不同于责任，责任是指对任务的一种负责和承担，而责任感则是一个人对待责任的态度。一个人的责任感决定了他对待工作是尽心尽责，还是敷衍了事，而这又能直接决定他的工作业绩的好坏。有责任感的家政服务员能够在工作中克己奉公，兢兢业业，哪怕出现问题也绝不推脱，他们总能赢得服务对象的信任和尊重；反之，缺乏责任感的家政服务员做事往往敷衍了事，得过且过。家政服务员所面对的服务对象千差万别，容不得出现差错。这就要求家政服务员必须拥有强烈的职业责任感，以饱满的热情投入到家政服务工作中去，以满足服务对象的合理需求。

良心是人们在履行对他人和社会的义务过程中所形成的一种强烈的道德责任感和自我评价的能力，职业良心就是从业人员对职业责任的自觉意识和自我评价能力。家政服务员职业良心的体现就是服务好服务对象。在家政服务过程中所形成的特殊的道德责任感和道德自我评价能力，是家政服务员职业道德诸多方面的有机统一。对于家政服务员来说，家政服务是一个良心活。职业良心是家政服务员职业道德的灵魂，有职业良心的家政服务员在服务过程中发现失误时能够及时补过，对待工作尽心尽责，面对诱惑信念坚定，这样的家政服务员必然会受到服务对象的尊重和喜爱，而不计后果、随心所欲的行为不仅会让家政服务员形象受损，还会使其付出代价。近年来频发的家政服务员虐待老人事件不断拷问着家政服务员的良心和道德，而施虐的家政服务员最终难逃社会的谴责和法律的制裁。技能不足可以再练，知识不足可以再补，然而良心的缺失却是再多的知识和技能都无法弥补的。因此家政服务员一定要重视职业良心的培养，努力让自己做到问心无愧。

职业荣誉感产生的前提是对职业性质和内容的深入理解和认同，并能够在工作过程中取得一定的成就，实现自身的价值。荣誉感往往与从业人员社会地位和自身对职业的认同及其所取得的成就密切相关。具有较强职业荣誉感的家政服务员，会努力维护自身的形象，恪守职业道德规范，提升专业服务水平，不断超越自我；而缺乏职业荣誉感的家政服务员，则更多地将工作视为一种谋生手段甚至是负担，对有损自身职业形象的行为往往缺乏正确的认识，因此往往不思进取，对待工作敷衍了事。

职业的幸福感是从事职业活动时所获得的满足感，它是职业道德行为的动力基础。家政服务员的幸福感很大程度上来自服务对象对家政服务员的尊重和依恋。帮助服务对象解决问题的职业心态是家政服务员职业幸福感的源泉。此外，幸福感还有赖于家政服务员自身感知幸福的能力。家政服务员的职业幸福感固然离不开外部的给予，但更多的还是源于自身的成长，源于一颗感恩的心。因此，家政服务员要善于从工作中寻找快乐，品味幸福；要感激挫折，常怀一颗知足感恩的心，用欣赏的眼光来看待周围的人和事；要懂得珍惜拥有的一切，学会知足，从容处世，看淡得失，这样一来幸福的感觉就会接踵而至。

（二）职业道德情感的特点

职业道德情感具有丰富性、特殊性和时代性等特点。

1. 丰富性

家政服务员的职业道德需要丰富的情感来维系。有人说，服务没有情感，就像磨坊没有水。家政服务员职业道德的核心是爱和责任，爱和责任是出发点，也是归宿。

家政服务是以情感为基础的，家政服务员在服务过程当中需要投入情感：第一要有博大的胸怀，家政服务员在服务过程当中需要理解服务对象的一些要求，这个过程就需要道德情感作为支撑；第二要有细微的情感体验，服务对象可能是年纪较长的老人，也可能是柔弱娇嫩的婴儿，在服务过程中家政服务员要敏锐地洞察他们的情感变化；第三要有自觉的情感调控，家政服务员在工作中要面临很多的压力，在面对压力时家政服务员要学会调控自己的情感，挖掘工作中阳光的一面，时刻保持积极向上的心态；第四要能灵活地以情感人，家政服务的好坏离不开情感的滋润，这就需要家政服务员在服务过程当中把握好策略，通过增进情感来更好地进行服务。

2. 特殊性

由于家政服务员在服务过程当中起着主导作用，其情感状态会影响到其他相关人员的状态，反过来也会影响到自己的服务效果，所以家政服务员的情感必然成为家政服务的重要影响因素。

家政服务员职业道德情感的特殊性首先体现在服务对象上。在一段时间内，家政服务员服务于特定的服务对象，特定服务对象与家政服务员的情感会互相影响，进而也会影响到服务效果。

其次，家政服务员职业道德情感的特殊性也体现在特殊的工作性质上。作为一种职业，家政服务有其职业特殊性。面对不同的家庭，家政服务员需要处理好自己角色的转变，需要用良好的品德为服务对象服务，要尊重和爱护服务对象，提高自己的专业知识和技能，以应对不同的服务要求，忠于职责。这些目标都需要家政服务员以职业道德情感作为支撑去实现。

3. 时代性

任何事物一旦撇开了时代性，便不具备它的意义，道德情感亦是如此。如今家政服务员的职业角色也发生了变化，他们不仅是服务的操作者，更是家庭的引导者、指导者、促进者，因此家政服务员的职业道德情感也随之丰富起来。在时代大背景下，职业角色的变化为家政服务员带来的既是挑战也是机遇。

二、家政服务员职业道德情感培养

职业道德情感的培养主要包括两个方面：一方面是形成和增强与所获得的职业道德相一致的道德情感，另一方面是改变与应有的道德认识相抵触的道德情感。形成和增强健康的、正当的道德情感，不但要依靠个人的理智，依靠个人对理想人格的追求，而且需要个人在实践中经受长期的磨炼。

（一）强化家政服务职业意识，从思想上重视职业道德情感

道德情感是在道德认知的基础上产生的，并随着道德认知的发展而发展。只有对某一类道德的规范认识深刻，对某一类道德的概念掌握牢固，才有可能产生相应的道德情感。这就要求家政服务员必须正确认识自己的职业，明确家政职业要求，强化家政职业意识。

家政服务员首先应当对自身职业的重要性和专业性有清晰的认识。某一职业社会地位的高低往往与其专业化水平密切相关，一般专业性越强的职业，社会地位也越高。家政服务员这一职业实际上具有很强的专业性，之所以社会地位不高，主要还是受传统观念的影响。这反过来导致许多家政服务员对自己工作的强专业性缺乏认识，片面地将家政服务的专业知识等同于技能，进而认为做一名家政服务员只要操作技能过关就行，结果造成在工作过程中产生与服务对象沟通不畅等问题，并且无法得到有效解决。事实上，每个家政服务员都应该明了，家政服务是一个具有很强专业性的职业，真正专业的家政服务员在市场上是供不应求的，其社会地位是不会差的。由此，如果有家政服务员感觉自己的社会地位低，那就应努力提升自己的专业水平，这才是家政服务员提升自身社会地位的关键。

职业道德情感是植根在家政服务员心里的，良好职业道德情感的

养成意味着从业者心灵的净化和情感的升华。这种净化和升华是无法借助外力来实现的，它是由道德主体自觉自愿追求而来的。因此家政服务员道德情感的培养必须依靠家政服务员的自觉性，家政服务员只有从思想上重视职业道德情感，才可能培养出对职业的真挚的感情。

（二）提高家政服务水平，从服务上落实职业道德情感

道德行为及其效果对于道德情感具有检验和调节的作用，因此家政服务员必须身体力行，将职业道德情感落实到具体的服务过程中去，并根据行动的结果对其进行适当的调节。

家政服务员的专业素质，对于培养家政服务员的职业道德情感有着重要的意义和作用。良好的专业素质有利于提升家政服务员的自信心，从而提升家政服务员的职业幸福感。

家政服务员的专业化是多维的，实现途径也应该是多维的。家政服务员的专业化可以从社会、团队、个人三个方面加以提升，分别对应以下三种途径：终身专业学习与锻炼，同伴互动提升技能，反思自我的行为。

终身专业学习与锻炼是基于 20 世纪下半叶兴起的终身教育理念所提出的，这是一种教育发展与改革的思潮。其主要思想是谁都无法在自己的青年时代就学完足够其一生使用的知识，教育与学习应当贯穿每个人的一生。终身教育和终身学习是教育发展和社会进步的共同要求，是人们进入 21 世纪的一把钥匙。

家政服务员同样面临终身教育和终身学习理念的渗透和挑战，年青时学点知识就足够一辈子使用的古老时代已经过去，在现代社会中，家政服务员的专业学习也是一个永无止境的思想和行为过程。家政服务职前、职后、校内、校外的教育与学习，都是其终身教育与学习的一部分。一方面家政服务员应努力学习提升其服务能力的训练课程，另一方面家政服务员要唤起自身学习的主动性、积极性和创新性，激

发学习的动机，抓住机遇，以开放的心态接受新理念和新技术，培养自学能力。

团队的学习则注重集体共学和与同伴交流。家政服务员之间应互相交流、讨论所遇到的问题，并协商解决之，这不仅能激发大家的洞察能力，还能培养大家的合作能力，为促进大家的学习发挥作用。在家政服务员相互交流的过程中，他们各自的思想相互激荡、相互碰撞、彼此影响，最终产生新的解决方案、新的见解，而参与者的相关能力也在此过程中得到了锻炼。因此家政服务员应当努力营造出合作交流的氛围。在这样的氛围下，每一位家政服务员都能有扩展其能力的空间，都能锻炼其解决问题的能力与思维。

家政服务员的自我反思行动对于提升自我意识及发现自身存在的弱点非常重要。自我反思行动具有三个特征：第一，家政服务员自己就是具体服务的行动人员；第二，反思的主题就是家政服务的日常行为；第三，反思的目的是为了改善服务行动。

家政服务员在自我反思行动的过程当中，需要面对新问题提出自己的假设，并通过自己的实践检验假设，其结果就是家政服务员借助反思获得专业成长的机会，家政服务员的服务因反思而获得改善。

（三）投身家政服务实践，在服务中感悟职业道德情感

职业道德情感是在一定的道德情境中产生的，对于家政服务员来说职业道德情感更多的是在家政服务实践中，在与服务对象的交往过程中逐渐培养起来的。家政服务员应当全身心投入到服务实践中，在工作中体验服务的真谛，升华职业道德的境界。

理解家政服务是热爱家政服务的前提。家政服务员对家政服务的理解，是其通过在家政服务过程中的实际操作和互动，逐渐洞察和体验到的。一位优秀的家政服务员，不能仅仅满足于完成服务对象安排的工作，而是还要在适当时机主动与服务对象进行沟通，成为服务对

象的知心朋友，这样才能更好地理解家政服务这一职业，从而更加热爱自己的工作。

在家政服务过程当中，家政服务员为了更好地满足服务对象的需要，需要有专业化的服务水平，这样才能在服务中及时发现和解决问题。这一过程对于家政服务来说具有积极意义，也进一步丰富和强化了家政服务员的体验，这样也能更好地将对家政服务员职业道德情感的培养落到实处。

创新是家政服务员获得成功感的重要因素。家政服务员应在明确家政服务目标的基础上，充分满足服务对象发展的需要，并在服务的过程当中，将个人创新与服务对象的需要有机结合起来。创新虽然受到传统规律的制约，但是它又是自由的，给予了家政服务员充分发挥个性魅力的平台，这是家政服务员形成服务风格的重要途径。因此能进行创新的家政服务员在服务中更容易获得自由感、成功感、自信感和成就感，从而也就更容易获得职业荣誉感和尊严感。

第三节　家政服务员职业道德行为及培养

一、家政服务员职业道德行为

（一）从行为层面来谈职业道德

说到道德行为，我们首先需要对道德行为进行界定。提起"行为"一词，我们可能会想起"玩牌斗蛐""弹琴唱歌""走亲访友""打砸抢烧""行侠仗义"等。在现代生活中无时无刻不在发生着"行为"，而人们对其的评论也没有停止过，人们会评判"行侠仗义"是好事，"打砸抢烧"是犯法的行为等。但是没有人会觉得"弹琴唱歌"是缺德的事，除非有人跑到图书馆的阅览室去唱歌；也没有人觉得"玩牌斗蛐"必须禁止，除非有人以此来赌博。人们还经常会谈到某某是无心之失，可以从轻发落，而某某是故意为之，必须严惩不贷。如果儿童被人胁迫或教唆去偷东西，人们也不会过分地指责儿童，而是会认为躲在儿童背后的胁迫者或教唆者是罪魁祸首。如果某一盗贼盗走了一件宝物，而这一行为恰好使这件宝物免受一场火灾，人们也不会认为该盗贼的行窃行为是一种善举。由以上这些社会现象，可以发现人们对于与他人或社会利益无关的行为，不会给予善或者恶的评价。同时人们不会孤立地评价一种行为，而总是根据具体情况来评判这种行为的善恶，如对"弹琴唱歌""玩牌斗蛐"的评价就是根据不同具体情况而异的。另外人们在对一种行为进行评价时会考虑行为主体的意识、动机等，这在上述盗贼的例子中就表现得很明显。

简言之，所谓道德行为就是指在一定的道德意识支配下表现出来的，对待他人和社会具有道德意义，并能对其进行道德评价的行为。而与"道德行为"相对的，并非在道德意识或道德动机支配下表现出来的，不涉及他人和社会利益的行为，则称为非道德行为。

家政服务员职业道德行为是指家政服务员在家政服务过程当中，在一定的道德意识支配下表现出来的，有利于或有害于个人、家庭、社会的行为。良好的道德行为的特征是利他的，即家政服务员的行为是以追求社会整体利益或他人利益为出发点和归宿的。不良的道德行为的特征是损人利己的，即家政服务员的行为是在不道德意识的支配下，为了一己私利而侵害他人或社会利益的。

（二）职业道德行为的影响因素

家政服务员的道德行为是在道德意识支配下完成的，同时必然会对道德行为所关联的社会环境造成道德影响，因此它是主观的道德意识在客观的社会环境中实现的过程。影响家政服务员道德行为的因素可以分为家政服务员道德意识和家政服务员所处的环境两大方面。

其中，家政服务员道德意识包括：

1. 家政服务员职业道德认知

家政服务员职业道德认知是家政服务员个体对家政服务活动过程中的道德关系的概念、规范和原则的理解与掌握，是家政服务员对该领域各种道德行为的是非善恶及其意义的认识。家政服务员所接触的服务环境是复杂的，环境中各种利益关系交错纵横，客观上增加了家政服务员认识其中的道德关系以及把握处理各种问题和矛盾的难度。但也正因为如此，深刻理解和熟练掌握职业道德行为的规范和原则，在各种具体情况中明智地进行是非善恶的判断，及时恰当地做出符合职业道德规范的行为，才显得意义非凡。

如果家政服务员没有良好的道德认知，是非善恶不分或者懵懵懂懂，道德行为就会因失去了导向而变得盲目，职业道德行为也会因此而变得随机和偶然，这不利于家政服务员的发展，也不利于家政事业稳步前进。

2. 家政服务员职业道德情感

家政服务员职业道德情感是家政服务员根据被内化的道德行为规范，在处理各种利益关系和评价各种道德行为时所产生的内心体验。家政服务员的职业道德情感，既是把自身的道德认知转化为道德意识和良好的道德行为的持续动力，同时也具有调节和评价职业道德行为的作用。

例如在做母婴护理服务时，有的家政服务员会乐意跟孩子在一起，会以关怀、接纳、尊重的态度与幼儿交往，甚至在自己服务很劳累的时候，只要看到小朋友的笑颜也能再次充满动力，虽累却甘之如饴。而不喜欢孩子的母婴护理人员，只是为了工资待遇而勉为其难地带孩子，即使天天不干活，也不会觉得快乐。当家政服务员的行为符合职业道德要求时，就能体会到自尊感，这促使家政服务员持续地表现出良好的职业道德行为。当家政服务员出现不良的职业道德行为时，就会体会到羞耻感，这也会促使家政服务员积极修正自己的行为，使其符合职业道德行为规范。

3. 家政服务员职业道德意志

家政服务员的职业道德意志是家政服务员为了实现符合职业道德要求的行为，自觉主动地克服内部、外部困难的顽强毅力，它以目的为导向，规定着行为的方向，同时是行为的重要推动力量，影响着行为的持续性。

家政服务员的个体通常会具备一定的道德认知和道德情感，但这并不能保证他一定能做出符合职业道德要求的行为。家政服务员的价值是通过家政服务实现的，而家政服务对社会的贡献又需要经过一段时间才能为社会所体验和认可，因此社会对家政服务员价值的认定具有延时性。如果社会给家政服务员的即时物质或精神报酬低于家政服务员的实际贡献，就容易使家政服务员产生不平衡的心理，乃至做出一些不良的道德行为。因此，家政服务员要有坚定的职业道德意志，才能克服这些困难，持续践行符合职业道德要求的服务。

4. 家政服务员的职业道德信念

家政服务员的职业道德信念是指家政服务员对职业理想、职业人格、职业原则和职业规范的尊崇和信仰，是其深刻职业道德认知、职业道德情感和职业道德意志的统一，它促使家政服务员执着地追求自己的职业理想，坚定地履行职业道德行为规范赋予的义务，职业活动具有明确性和一贯性。一旦家政服务员形成了职业道德信念，就能在家政服务中迅速选定符合职业道德行为规范要求的行为方向，并且能义无反顾地执行下去。即便遭遇了错综复杂且具有考验意义的环境，家政服务员仍能作出符合职业道德行为规范要求的行为抉择。

部分家政服务员所处的劳动环境相对比较艰苦，工作任务比较繁重，工作报酬也不是很到位，这时候让家政服务员形成职业道德信念将更加困难。此时家政服务员是否具有坚定的职业道德信念就显得尤为重要。唯有提升家政服务员的职业道德境界，才能更好地推动家政服务事业的发展。

家政服务员所处的影响家政服务员道德行为的环境包括：

1. 家政服务员职业道德行为监督机制

监督即察看并督促。对家政服务员职业道德行为的监督就是通过社会公众、家政企业、服务对象及家政服务员自身对家政服务员职业道德行为的一种察看和督促，就是通过对家政服务员的职业道德行为进行察看，来督促家政服务员提升自身的道德意识，保障家政服务员稳定而连续地做出符合道德要求的行为。例如，当家政服务员懈怠、意志动摇或思想矛盾时，考虑到自己职业道德行为正接受监督，就会端正态度认真工作。而一旦家政服务员做出损害服务对象利益的行为，监督机制可以及时地发现，以便有关方面尽快对造成损害的情形进行补救。另外监督机制会给家政服务员自身提供反馈，以促进家政服务员对自身违背职业道德要求的行为进行反思并及时改进。对一些还不能认识到自己错误的家政服务员，个体监督还可以通过敲警钟、劝说引导的方式提高他们的职业道德认知。

对家政服务员的道德行为监督并不是可有可无的。其一，家政服务员职业道德行为需要自律，也需要他律。道德的形成是由他律转向自律的过程，而对道德行为的监督属于他律。如果他律不足，自律又不强的话，家政服务员的活动就会脱离职业道德行为规范而产生不良后果。其二，家政服务员的失德行为会对现实世界造成不良影响，如果不对其进行监督，坏的影响必将扩大蔓延，违背职业道德的行为甚至会得到鼓励。

对家政服务员职业道德行为的监督以监察其道德行为为基础，以督促提升其道德意识为目标。道德行为监督本身不是目的，其目的是通过对家政服务员职业道德行为的监督，对其产生影响，并以此来提升家政服务员的职业道德意识。只有监督而不注重促使家政服务员思想道德内部矛盾的积极转换，是一种舍本逐末、徒有形式的做法。家政服务员只有真正内化了职业道德行为规范，才能持续输出良好的职业道德行为。

2. 家政服务员职业道德行为奖惩机制

奖惩一般会发生在家政服务员道德行为发生之后，那时会对良好的职业道德行为进行奖励，对不良的职业道德行为进行惩罚。

如果家政服务员做出了良好的道德行为，社会理应给予积极的回应。如果没有回应，家政服务员将看不到自己行为的社会价值，看不到自己与他人的利益关系，就会觉得做出良好的职业道德行为是没有任何意义的。更何况很多时候，家政服务员做出良好的职业道德行为要以牺牲自己的利益为代价，如果社会给出的是消极的回应，将直接否定家政服务员做出良好职业道德行为的社会价值。同样，如果家政服务员做出了不良的道德行为，社会也应给予负面回应，如果社会没有给予负面的回应，家政服务员就会觉得这样对自己很有利，长此以往，家政服务员就会把自己的利益永远放在第一位，从而忽视对社会和对服务对象的义务，这样会对社会造成不良影响，而具有这种思想的家政服务员也不可能在就业市场上长久生存。

简言之，公平、合理且适当的奖惩，有利于维护家政服务员的职业道德行为规范，有利于调控家政服务员职业道德行为，有利于对家政服务员的思想品德产生积极的影响。

二、家政服务员职业道德行为培养

职业道德行为的特殊性决定了个体道德行为必须要得到社会的反馈、支持和保护。这是家政服务员能否将自身职业道德行为坚持下去，并且产生积极社会影响的关键因素。具体来说，家政服务员职业道德行为的培养可通过以下途径达成。

(一) 学习和实践相结合，做到知行统一

学习和实践是提高家政服务员道德修养，养成良好道德行为习惯的根本途径。职业道德的学习既包括对一些基本理论、基本规范的主动掌握和理解，又包括对模范人物、先进事迹的解读和学习。当然也包括参加专门的培训课程以及向他人请教，以破除个人在实践过程中存在的狭隘性和局限性。正确的职业道德观念不是自发形成的，只有掌握了科学的人生观和价值观，以及家政服务员职业道德的基本常识和基本规律，家政服务员才会系统懂得什么是善，什么是恶，才能真正领会本职业美的真谛。实践证明，家政服务员掌握的关于道德修养的理论越正确、越全面、越深刻，其按照职业道德原则和规范去行动

的自觉性才会越强。

家政服务员形成一定的职业道德意识并不意味着其职业道德修养的完成，家政服务员还要再回到实际工作中去，在职业活动中进行道德行为实践，以进一步提高自己的职业道德修养。一般而言，这里的实践包括服务实践和生活实践两方面。服务实践是家政服务员每天进行的最基本的实践活动，因而也是最直接、最鲜明、最具针对性的职业道德实践活动。例如在日常的家政服务中，家政服务员能否耐心地对待每一位服务对象，在面临一些更高要求的服务时，家政服务员能否一如既往地富有爱心、责任心、耐心、细心，在与他人相处中是否可以积极地开展协作和交流等。家政服务员的道德修养不是只在面临重大危险和考验时才彰显出来的，能够以乐观向上、热情开朗的心态认真对待自己每天繁琐的工作，能有亲和力地对待服务对象，能够热情细致地对每一项工作负责，那就是值得人们尊敬的家政服务员。平凡之中孕育着伟大，平凡之中造就了不凡。

（二）完善家政服务员职业道德行为监督机制

作为家政服务员道德行为的一面镜子，家政服务员职业道德行为监督机制对家政服务员的道德行为具有预防、诊断、矫正、改进和教育的作用。完善的职业道德行为监督机制的建立，是提高家政服务员自身道德水平的重要保障。

一个完善有效的家政服务员职业道德行为监督机制，应该做到三结合：将社会监督、自身监督、服务对象监督相结合；将职业道德行为监督和家政服务员自身的利益相结合；将职业道德行为监督和家政服务员自身的发展相结合。

为了确保职业道德行为监督机制的落实，家政企业应该组建专门的监督小组，小组成员可以是企业员工也可以是社区代表，这些监督都属于外在监督。家政服务员自身的自律监督则是内在监督。一般来说，在注重建立家政服务员外在监督的同时，也要注重对其内在监督的培养。内在监督机制既可以通过学习教育来建立，也可以通过奖励表彰先进事迹，鼓励家政服务员获得内在道德满足感和上进心来建立。总之，家政服务员自身道德意识的提高，是家政服务员职业道德行为监督的出发点和落脚点。

要使职业道德监督机制得到良好的效果，必须坚持以下四个原则：

一是经常性原则。对家政服务员道德行为的监督不是权宜之计，也不是赶潮流或者走形式，而是经常性工作。经常性原则能够保障监督的连续性、一贯性和全面性。

二是客观性原则。道德行为监督必须以事实为依据，不能夸大也不能缩小，更不能无中生有。监督的客观性原则能够保障监督行为的公正性和有效性。

三是利害性原则。监督机制要和家政服务员自身的利益，如工资待遇、优良评审等相联系。监督的利害性原则可以保证监督机制的长久性和可持续性。

四是效益性原则。职业道德行为的监督不是空架子，要切实地保证家政服务员职业道德行为取得一定的实效，否则就只是劳民伤财。监督的效益性原则是职业道德行为监督制度的存在之本。

（三）完善职业道德行为考核机制

对家政服务员职业道德行为进行考核的过程，是对家政服务员职业道德行为的社会价值进行评定的过程，也是社会对家政服务员职业道德行为的反馈过程。公正完善的考核制度，可以帮助家政服务员认识到职业道德行为的社会价值，认识到职业道德行为要求的必然性，从而促使家政服务员表现出良好的职业道德行为。

职业道德行为考核制度必然与一定的奖惩政策配套实施，它作为一种行政奖惩手段，在实施时应注意几个问题：

其一，要奖惩并重，不能偏废。在对遵循职业道德行为规范行事的先进人物进行奖励的同时，也要对违背职业道德行事的家政服务员进行一定的惩罚，这样才能对其他家政服务员未来的职业道德行为给出更明确的指示和引导。

其二，对集体的奖励和对个人的奖励相结合。任何一个家政服务员工作的顺利开展，都离不开家政企业的指导和与其他同事的合作交流。家政服务员只有在有序和谐的集体中才能有条不紊地履行自己的职责。同时，每个家政服务员拥有自己相对独立的工作空间，有一定的自由来选择自己偏好的工作方式和工作状态，每个家政服务员都是具有主观能动性的鲜活个体，在相同的集体环境中保持着自己的特色。奖励集体有利于增强团队意识和集体荣誉感，这为提高家政服务员的职业道德创造了良好的环境。奖励个人有利于调动个体的积极性，尽最大可能避免不良职业道德行为的发生。

其三，奖惩要辅以教育。无论是奖励还是惩罚都只是手段，而不是目的。奖惩的最终目的在于使家政服务员的职业道德行为尽可能向良性发展，而这种发展离不开教育。对于获奖者不仅要给予一定的奖励，还要配合一定的教育，这样能够使其在成绩面前不骄傲，保持谦虚谨慎的态度，继续发扬先进，再接再厉做好工作；对于受罚者更需要施加一定的说服教育和鼓励，使他们清楚自己受罚的原因，这样也可使其不至于情绪过于低落，甚至自暴自弃。

最后，奖惩要民主。奖惩作为对职业道德行为标准的落实，其过程是否公正、民主直接影响到家政服务员对职业道德行为规范的遵从程度。要做到民主，最重要的就是要保证家政服务员在奖惩标准面前人人平等，没有平等就不会有真正的民主，无论是普通的家政服务员，还是其他成员，凡是符合奖励标准的都应该给予奖励，该惩罚的也不可姑息。如果在奖惩中执行两套标准，搞特殊性，就会损害职业道德行为考核机制的权威性和有效性。

丛 书 后 记

"家政教育系列丛书"终于和读者见面了。

在策划这套丛书时,上海开放大学王伯军副校长提出了丛书的三个定位:非学历培训教材、学历教育参考用书、家政相关方学习用书。这样的定位不仅科学,而且切中了行业发展的痛点。首先,这是一套非学历培训教材。缺乏规范、高质量的培训,是目前家政行业面临的最主要问题之一,以往的培训重技能、轻知识、忽视素养,而目前市场上涉及家政行业的知识性、素养类的读物几乎没有,丛书的出版可以说填补了这一空白。其次,丛书也是学历教育的参考用书。上海开放大学是上海最早举办家政高等学历教育的高校,目前也正在成体系建设家政学历教育的教材,但学历教育仅有教材是不够的,应该配套建设一些课外读物,拓展学生的视野和知识面。最后,家政相关方,特别是作为服务对象的家庭,也是需要学习的。事实上,有些家政服务过程中的矛盾,就源于被服务家庭对于家政服务员、服务过程的错误认知。如果被服务家庭的成员也能读一读本丛书,对于改变他们对家政行业的认知、提高服务辨别、促进双方关系都是很有帮助的。

"家政教育系列丛书"从策划到最终出版,历时一年半时间。2020年下半年,上海开放大学王伯军副校长提出,要在已有的"智慧父母丛书"和"隔代养育丛书"基础上,编撰一套"家政教育系列丛书",以进一步完善上海家长学校的教材体系。随后,在非学历教育部王松华部长的直接领导下，很快组建了以公共管理学院、人文学院家政相关专业教师为主的作者队伍，并经过多次研讨，明确了各自主题、丛书体例等具体要求。2021 年 3 月份，丛书作者陆续交稿，经过几轮修改后，丛书正式出版。

丛书能够顺利出版，应当感谢多方面的支持。首先要特别感谢王伯军副校长，作为丛书的总策划，王伯军副校长全程参与了丛书的编写，多次主持召开研讨会，从选题到风格，给予了全方位的指导；要感谢非学历教育部王松华部长、姚爱芳副部长，两位领导对于丛书的出版给予了大力支持，提出了很多宝贵的建议，非学历教育部的应一也、张令两位老师做了大量沟通协调工作，让丛书更早地与读者见面；要感谢上海远东出版社张蓉副社长所率领的编辑团队，他们在书稿的语法、格式、文字等方面提供了全面、细致的帮助，让这套丛书更加规范、更加成熟。

还要感谢上海市妇联翁文磊副主席，她长期以来关心、支持上海开放大学家政专业建设，每年都到学校参加各类家政专业的各类活动，给予具体指导。还要特别感谢本书编委会副主任、上海市家庭服务业行业协会张丽丽会长，张会长在担任上海市妇联主席期间，支持市妇联与上海开放大学合作成立女子学院，并且建议女子学院举办家政大专学历教育，是上海家政高等教育的奠基人之一。担任行业协会会长后，继续支持家政学历教育和职业培训的发展，为家政行业的职业化、正规化做出了突出贡献。

家政是一个具有光辉历史和悠久文化的行业，家政专业是一个正在复兴和充满朝气的新兴专业。"兴"体现了丛书出版的必要性和紧迫性，"新"则说明了丛书的局限和不足，加之丛书从酝酿到出版只有一年多的时间，疏漏错误之处难免存在。希望广大读者多提宝贵意见，我们将在未来的改版中不断完善。

最后，衷心祝愿家政行业不断发展，家政教育蒸蒸日上。

丛书副主编

上海开放大学学历教育部徐宏卓

2021 年 7 月 1 日